大气污染协同控制及
空气质量补偿

张增凯 著

国家自然科学基金项目（71974141）

科 学 出 版 社
北 京

内 容 简 介

自2013年国务院发布《大气污染防治行动计划》以来，全国空气质量持续改善，但大气污染防治任务仍艰巨。我国大气污染呈现区域复合型特征，治理模式逐步由传统的属地管理向区域联防联控转变，环境空气质量补偿机制也在逐步建立。本书紧密围绕大气污染区域联防联控机制和环境空气质量补偿机制展开，有益于读者认识大气污染区域联防联控机制，理解跨区域空气质量补偿机制，探索我国经济可持续发展路径。

本书适合环境管理、公共管理与应用经济领域的硕士、博士研究生和学者，以及生态环境保护领域的政府部门、有关企事业单位从业人员参考阅读。

图书在版编目（CIP）数据

大气污染协同控制及空气质量补偿 / 张增凯著. —北京：科学出版社，2023.7
ISBN 978-7-03-076055-5

Ⅰ. ①大… Ⅱ. ①张… Ⅲ. ①空气污染控制−研究−中国 Ⅳ. ①X510.6

中国国家版本馆 CIP 数据核字（2023）第 132669 号

责任编辑：王丹妮 / 责任校对：姜丽策
责任印制：张 伟 / 封面设计：有道设计

科学出版社 出版
北京东黄城根北街 16 号
邮政编码：100717
http://www.sciencep.com
北京建宏印刷有限公司 印刷
科学出版社发行 各地新华书店经销
*
2023 年 7 月第 一 版 开本：720×1000 1/16
2023 年 7 月第一次印刷 印张：11 1/2
字数：232 000
定价：116.00 元
（如有印装质量问题，我社负责调换）

前　　言

　　自 2013 年国务院发布《大气污染防治行动计划》以来，全国空气质量持续改善，但大气污染防治任务仍艰巨。2018 年，全国 338 个地级及以上城市 $PM_{2.5}$ 平均浓度为 39 微克/米^3，显著高于世界卫生组织（World Health Organization，WHO）标准 10 微克/米^3。大气污染严重威胁居民健康，给我国造成了严重的经济损失。习近平在 2018 年全国生态环境保护大会上强调："要以空气质量明显改善为刚性要求，强化联防联控，基本消除重污染天气，还老百姓蓝天白云、繁星闪烁。"[1]

　　中国大气污染呈现多污染源多污染物叠加、城市与区域污染复合等显著特征，其治理难度远大于发达国家，是一项长期艰巨的任务，亟须通过联防联控形成防污治污合力，以实现党的十九大报告中提出的"蓝天保卫战"的目标要求。京津冀、长三角、珠三角等重点区域虽已建立了联防联控机制，成立了大气污染防治协作小组，出台了环境执法联动等相关行动方案和实施细则；但责任分配不明确、利益分配不均衡、制度保障不完善等问题，为大气环境质量持续改善带来了巨大阻力。

　　环境空气质量补偿机制是缓解经济发展与污染治理矛盾的重要手段。2014 年，山东省率先出台《山东省环境空气质量生态补偿暂行办法》。之后，湖北省、河南省、河北省等也相继试行省内环境空气质量补偿机制。省内环境空气质量补偿实践快速发展，而省间跨界补偿实践却进展缓慢。以京津冀地区为例，2015 年京津冀研究建立了"2+4"核心区的结对合作机制，曾经对于京津冀地区大气污染协作治理起到了很好的推动作用，但是在大气污染防治协作机制不断升级过程中并没有得到很好的延续和发展。环境空气质量跨界补偿机制建设仍然面临着一系列亟须解决的问题与挑战。

　　本书紧密围绕大气污染区域联防联控机制和环境空气质量补偿机制展开，有益于读者认识大气污染区域联防联控机制和理解跨区域空气质量补偿机制新模式。本书共包括四篇。第一篇介绍大气污染及其治理的基础知识，第二篇梳理大气污染国内外治理经验，第三篇介绍大气污染协同控制，第四篇介绍空气质量补偿。

张增凯

2023 年 3 月 1 日于厦门大学

目　　录

第一篇 绪 论

第一章　大气污染背景知识

大气污染是指自然过程或人类活动使某些物质扩散到大气中，并超过环境所能允许的极限，从而对人们的生活、工作、身体健康、精神状态、财产及生态环境造成影响。随着比利时马斯河谷烟雾事件、美国洛杉矶光化学烟雾事件、英国伦敦烟雾事件等大气污染事件的相继发生，大气污染问题日益受到各国政府的重视，并成为全球关注的环境问题。本章将重点关注人类活动，介绍人类活动所导致的大气污染背景知识，包括大气污染的来源与类型、大气污染的区域传输与经济关联特征、大气污染的危害。

第一节　大气污染的来源与类型

造成大气污染的两大因素为自然因素和人为因素。自然因素包括火山爆发、森林火灾、岩石风化等，人为因素包括化石燃料燃烧、工厂废气、交通工具尾气的排放等。根据影响范围及污染物化学性质等方面的不同，大气污染可以被分为不同的类型。本节将对大气污染的来源与类型进行介绍。

一、大气污染的来源

大气污染的来源是指向大气排放足以对环境或生物的生存发展产生有害影响的物质的自然现象或生产过程。基于大气污染的研究与防治需要，大气污染的来源被分为自然污染源和人为污染源两类。

自然污染源是指由于自然现象发生而向环境排放污染物的污染源。自然污染源排放的污染物主要有森林火灾排放的二氧化碳（CO_2）、一氧化碳（CO），火山爆发产生的硫化氢、二氧化硫（SO_2）、火山灰颗粒物，森林植物释放产生的萜烯类碳氢化合物等，这些污染物质会参与大气循环及化学反应，产生二次污染物，进而直接或间接地污染大气。自然因素所造成的污染持续时间短、影响范围小，且具有不可控性，通常所说的大气污染问题多指由人为污染源排放引起的大气污染。人为污染源是指人类活动过程中向大气排放一次污染物的场所、工具、设备等。人为污染源通常分为三类，即工业生产污染源、交通运输污染源、生活采暖污染源。

工业生产污染源是指工业生产过程中通过向大气排放污染物而对大气环境产生有害影响的生产场所。工业生产排放的污染物中包括化石燃料燃烧所产生的烟尘、SO_2、CO、苯等物质。尤其是火力发电厂、钢铁厂、炼焦厂及石油化工厂。此外，还存在其他污染物，而具体的污染物排放会随企业生产性质的不同而不同。例如，化肥厂会向大气中排放硫酸气溶胶、氟化物、氨，仪表厂和灯泡厂会向大气中排放汞和氰化物，造纸厂会向大气中排放硫醇、硫化氢等。这些污染物不仅会直接进入大气循环，还会通过化学反应产生二次污染物污染大气。工业生产污染物排放属于点源排放，排放量大而集中，浓度高且短时间内难以被大气稀释。1930年，比利时马斯河谷工业区的工业生产排放的有害废气及粉尘在河谷中难以扩散，导致几千人中毒发病，63人丧生，为同期正常死亡人数的10.5倍，心脏病、肺病患者死亡率增高。这就是著名的八大公害事件之一——比利时马斯河谷烟雾事件。

交通运输污染源是指交通运输过程中会向大气排放污染物的交通运输工具。交通运输过程中排放的主要污染物有CO、氮氧化物（NO_x）、碳氢化合物、SO_2、铅化合物、苯等。中国交通运输排放的污染物约占大气污染物总量的25%[2]。2020年，全国机动车四项污染物排放总量为1 593.0万吨。其中，CO、碳氢化合物、NO_x、颗粒物排放量分别为769.7万吨、190.2万吨、626.3万吨、6.8万吨[3]。交通运输排放源属于移动污染源，因为交通工具有一定的移动轨迹，其排放量小而分散。在燃油燃气交通工具保有量较多的区域会造成较为严重的大气污染。20世纪40年代到70年代初在美国洛杉矶先后三次发生的光化学烟雾事件就是由交通运输污染源排放造成的。美国洛杉矶光化学烟雾事件造成全市约四分之三的人患喉炎等呼吸道疾病，400多人因呼吸衰竭而亡。

生活采暖污染源是指居民在做饭、取暖等活动过程中向大气排放污染物的炉灶、燃气炉等设备。民用生活炉灶和采暖锅炉需要消耗大量的煤炭、柴薪、秸秆等碳基燃料，尤其是在冬季取暖期。这些燃料在燃烧过程中会释放大量的CO、CO_2、SO_2、NO_x、有机化合物、烟尘等有害物质污染大气。中国生活取暖污染物排放约占全国污染物排放总量的17%。生活采暖排放源属于面源污染，家庭炉灶等设备往往分布广、数量大，并且烟气排放高度低，导致烟气在较长时间内弥漫于居民住宅区，是低空大气污染的重要污染源。1952年冬季，正处于大量燃煤期的伦敦，排放的烟煤粉尘蓄积不散，致使许多人呼吸困难、眼睛刺痛，仅四天就有 4 000 多人死亡。这就是伦敦烟雾事件，此次污染事件推动了英国环境保护立法的进程。

二、大气污染的类型

根据研究与治理大气污染的需要，大气污染的分类有不同的标准。目前应用较多的分类标准为大气污染的影响范围、燃料类型及生产性质和污染物的化学反应特性。

根据大气污染的影响范围，可以将大气污染分为局部型污染、区域型污染、广域型污染及全球型污染四类。局部型污染局限于小范围区域，如化工企业生产排放所造成的直接影响；区域型污染涉及一个地区的大气污染，如冬季使用家庭炉灶或其他取暖设备的地区受到的污染；广域型污染的影响范围更大，拓展至大城市群层面，如京津冀地区出现的灰霾；全球型污染涉及跨越国界甚至会影响到整个地球大气层的污染，如臭氧层空洞。

根据燃料类型及生产性质，可以将大气污染分为煤炭型大气污染、石油型大气污染、特殊型大气污染及混合型大气污染四类。煤炭型大气污染是由煤炭燃烧造成的，主要污染物包括来自工业企业、家庭炉灶等取暖设备的烟气、粉尘、SO_2及由其通过化学反应生成的硫酸、硫酸盐类气溶胶等。石油型大气污染是由石油燃烧造成的，主要污染物包括来自交通运输、石油冶炼及化工等活动产生的二氧化氮、烯烃、链状烷烃、醇、羟基化合物及其在大气中形成的臭氧、大气自由基等。特殊型大气污染是指由工厂排放的特殊气体造成的污染。这类污染常属于局部型污染。例如，生产农药的企业排放的特殊气体引起的氯气污染、水泥生产厂周围形成的水泥尘、烟尘污染等。混合型大气污染是由以煤炭、石油为燃料的污染源排放及工厂企业的各种化学物质排放造成的。排放出来的污染物还会通过一系列物理化学反应生成二次污染物。这些污染物会在大气动力系统的综合作用下形成高浓度污染，并在大范围区域间传输。日本横滨、川崎等地区发生的污染事件就属于此种污染类型。

根据污染物的化学反应特性，可以将大气污染分为还原型大气污染和氧化型大气污染两类。还原型大气污染多发生于以煤炭为主要燃料的地区，主要污染物包括 SO_2、CO 及颗粒物。在温度低、湿度高、风速小，并伴有逆温存在的阴天，这些污染物容易在低空聚集，形成还原性烟雾。1952 年发生的 20 世纪十大环境公害事件之一——伦敦烟雾事件就是典型的还原型大气污染。还原型大气污染又名煤烟型大气污染。氧化型大气污染的主要一次污染物包括 CO、NO_x 及碳氢化合物，主要来源于汽车尾气，还包括燃油锅炉及石油化工企业等。它们不仅会直接污染大气环境，还会在太阳短波光作用下发生化学反应，产生醛类、臭氧、过氧乙酰硝酸酯等二次污染物。这些污染物具有极强的氧化性，对人类眼睛黏膜组织有强刺激性。在 1940 年至 1960 年发生的洛杉矶光化学烟雾事件就属于此类情况。氧化型大气污染又名汽车尾气型大气污染。

第二节　大气污染的区域传输与经济关联特征

城市、省份、国家都有边界，但是大气污染没有边界。温度分布会影响大气运动，而大气运动对大气污染物有着整体传输和稀释扩散的作用。一个地区上空漂浮的污染物可能来自本地生产，也可能来自异地生产，这就是大气污染的区域传输特征。大气污染的经济关联特征是指贸易导致的地区间复杂的经济联系，使某一地区生产所产生的污染物排放中有一部分是为了满足其他地区的需求，即其他地区将污染物排放外包给了该地区。研究治理大气污染需要了解大气污染的这两点关键特征，本节将对此进行介绍。

大气污染的区域传输受大气运动及温度分布的影响。大气污染物排放至大气后，会随着大气的运动发生迁移和扩散。大气湍流是空气污染区域局部扩散的主要驱动因素。它使污染物在受风水平输送的过程中不断向四周扩展，将清洁空气卷入，使污染物浓度降低。温度分布是影响大气污染传输的另一个因素，它可以通过影响大气湍流而间接影响大气污染物的传输与扩散。气温随高度增加而递减的递减层结有利于近地面大气污染物的扩散，但是气温随高度增加而递增的逆温层结会阻碍污染物的垂直扩散，处于逆温层中的污染物不能穿过逆温层，只能在该区域聚集或水平传输。

在温度分布、大气运动的综合作用下，某一地区排放的污染物不仅会直接迁移扩散到邻近地区，还可能会随着上升气流进入高空，然后在高空受层流作用较快地传输，最终在距离该地区较远的地区随下沉气团降到地表附近，导致区域间的污染物传输。大气污染的区域传输特征意味着任何一个地区产生的大气污染都不会局限在本区域，而是会突破行政边界，影响到其他地区。例如，某一地区 $PM_{2.5}$ 浓度每升高 1%，邻近地区 $PM_{2.5}$ 浓度就会升高 0.74%[4]。京津冀地区呈现着明显的区域复合污染特征，大气污染跨区域传输特征明显[5]。有研究表明，中国其他省份对北京和天津 $PM_{2.5}$ 年均浓度的跨区域传输贡献分别达到 37% 和 42%[6]。其中，河北省的污染排放对北京和天津的影响最大。

大气污染的区域传输也呈现着显著的时空差异。地区所处的地理位置、气候条件、产业结构、轻重工业比例及地区污染源分布特征不同，污染物种类、传输来源及受污染程度也不同[7, 8]。邻近地区产业结构、企业类型会影响本地区大气污染物的种类及受污染程度。处在山谷、盆地等地形中的地区，污染物较难扩散，但同时，受污染物区域传输的影响也较小。例如，地处燕山、太行山山谷中的唐山、保定等城市，其地区污染受区域传输影响并不显著[9]。不同季节的风向、风速均不同，污染物区域传输路径也会发生变化。处于下风向、低风速的地区，会较长时间受来自上风向高浓度污染物影响。例如，邢台、张家口、沧州等属于京津冀区域边界的城市，受较强的季风主导的传输影响，区域污染物传输随季节而变[9]。地理位置上靠近重工业化城市的地区受区域传输的影响较大。例如，山东、河北、山西的周边地区往往会受大范围大气污染的影响。大气污染的区域传输特征使某一地区的大气污染在更大的时间和空间尺度上产生危害，具有明显的负外部性。

　　受地区间贸易影响，不同区域、不同行业间存在错综复杂的经济关联。考虑到地区间这种复杂的经济联系，大气污染责任主体并不局限于污染物排放来源地区。产业分工导致产品生产地与消费地分离，消费地通过进口商品满足本地区消费需求的同时，将污染物排放留在了产品生产地，也即，产品消费地通过将污染物排放外包给其他地区导致产品生产地承担了这部分额外的污染物排放[10]。虽然 A 地区的污染可能是由 B 地区排放污染物的外源输入造成的，但是 B 地区的污染排放却可能是由 C 地区的最终需求拉动的[11~13]。

第三节　大气污染的危害

　　大气污染是当前世界面临的重要问题之一。根据 WHO 2021 年 11 月对 2016 年空气污染死亡人数的估值，每年约有 420 万人因暴露于直径为 2.5 微米或更小的细颗粒物（$PM_{2.5}$）中而过早死亡[14]。大气中的酸性污染物和飘尘还会造成对工业材料、设备和建筑设施的腐蚀，给精密仪器等设备的生产、安装调试和使用带来不利影响，进而缩短产品使用寿命，提高生产成本。大气污染引致的酸雨也会影响植物生长，引起土壤和水体酸化，从而对动植物和水生生物产生毒害，影响农业生产。此外，大气污染带来的“臭氧洞”问题及全球气候变化问题也成为全球关注的焦点。据经济合作与发展组织（Organization for Economic Co-operation and Development，OECD）评估，2015 年大气污染造成 OECD 国家近 5.1 万亿美元的损失[15]。大气污染对工农业、气候、植物及人体产生的危害，将直接或间接影响人类的生产生活及经济发展，影响社会各组成部分之间的协调发展。本节将重点介绍大气污染的健康危害。

　　大气污染会损害人类的身体健康。人类主要会通过三条途径受到大气污染的危害，分别是：人体表面接触大气污染物；食用含有大气污染物的食物和水；吸入被污染的空气。其中，吸入被污染的空气是最主要的途径。根据污染物组成、性质、浓度的差别，被污染地区气候的不同及暴露在大气污染中的人的年龄、健康状况的差异，大气污染会对人类身体健康产生不同程度的危害。大气污染物的浓度较低时，根据健康状况的不同，人会直接产生不同程度的不适感。若较长时间暴露于此环境中，会引起呼吸系统疾病。例如，煤烟可以引起尘肺病，SO_2 可以引起心悸、呼吸困难等心肺疾病，臭氧可以引起支气管炎，氯可以引起肺内化学性烧伤，等等。当污染物浓度急剧上升时，如工厂生产过程中有害气体的泄漏，往往会引起人群的急性中毒。例如，2003 年重庆开县天然气特大井喷事件中，大量剧毒硫化氢泄漏，导致 243 人死亡。此外，存在大气污染的地区，环境中往往含有大量的致癌物，长期接触大气中的致癌物会导致人体细胞产生癌变。几种主要大气污染物对人体的危害如下。

　　粉尘对人体的危害主要取决于其成分及粒径。含有有毒成分的粉尘进入人体后会引起中毒以致死亡。例如，吸入铬尘能引起鼻中溃疡和穿孔，肺癌发病率增加。吸入无毒性粉尘也会对人体产生危害。例如，含有游离二氧化硅的粉尘被吸入人体后，在肺内沉积，会引起纤维性病变，严重时会损害人体的呼吸功能。粉尘粒径对人体的危害主要体现在两方面。首先，粒径小的粉尘不易沉积，长时间飘浮在大气中容易被吸入人体内，尤其是粒径小于 5 微米的粉尘能够深入肺部，甚至进入血液系统。其次，粒径小的粉尘比表面积大，活性高，从而能够加剧生理效应的发生。此外，粉尘表面还可以吸附空气中的污染物，从而成为其载体，促进大气中的各种化学反应，形成二次污染物，进而对人类造成二次伤害。

　　当空气中 SO_2 的浓度在 0.5 毫克/升以上时，就能够对人体健康造成影响。浓度较低时，SO_2 会造成呼吸道管腔缩小，从而造成呼吸量减少，呼吸加快。浓度升高时，会感觉喉头异常，出现咯痰、胸痛、呼吸困难、呼吸道红肿等症状，造成支气管炎、哮喘病。严重时还会引起肺气肿，甚至使人窒息死亡。CO 与血液中输送氧气的血红蛋白有很强的结合力，比氧与血红蛋白的结合力高 200 多倍。当人体吸入血红蛋白时，CO 就会与血红蛋白结合形成羰络血红蛋白，影响人体的氧气供给，发生头晕、头痛、疲劳等供氧不足的症状，会造成心肌损伤、中枢神经麻痹，严重时会使人窒息死亡。二氧化氮会伤害肺脏最细的气道，对人体肺部组织有强烈的刺激腐蚀作用。吸入少量、潜在致命剂量的二氧化氮后，人体会在几小时内出现肺水肿中毒症状。二氧化氮的急性接触还可引起呼吸疾病（如支气管炎、肺气肿），浓度超过 300 微克/升时，可恶化慢性支气管炎和哮喘病患者的肺功能。

　　除上述较为常见的大气污染物外，还有其他排放量少、限于小范围内但不能忽视其对人类身体健康产生危害的污染物。例如，光化学反应的产物——处于对流层的臭氧对呼吸器官有极强的刺激性，会使人体肺活量减少，呼吸器官发干，有烧灼感；碳氢化合物会损害皮肤和肝脏；硫化氢会影响人体呼吸、血液循环、内分泌、消化和神经系统，使人昏迷，严重时使人中毒死亡；多环结构的碳氢化合物大多有致癌作用，它们会通过呼吸道侵入肺部，引发肺癌。

大气污染不仅会影响人类身体健康，还会影响人类的心理健康。大气污染可以直接影响人类心理健康。被雾霾笼罩的区域，光线弱、气压低，人体内五羟色胺、褪黑素、甲状腺素和肾上腺素等激素的分泌减少，会使人情绪低落，刺激或加剧心理抑郁状态。大气污染还可以通过影响人类身体健康而间接影响人类心理健康，如大气污染物对支气管炎、哮喘等呼吸系统疾病的诱发和恶化作用，会增加人们的焦虑情绪，导致精神疾病。大气污染也可以通过迫使人们减少出行及锻炼而减少社交、增加肥胖，进而间接影响心理健康[16]。大气污染还会通过降低工人的劳动生产率，导致收入下降、工作压力增加、失业风险增加，进而影响其心理健康[17]。

大气污染对人类心理健康的影响主要体现在认知、情绪、行为三方面。大气中的少量铅、甲基苯等污染物会造成神经发育障碍与脑功能障碍（如脑瘫、自闭症等）。被污染的大气中的细颗粒物（如$PM_{2.5}$）可以通过呼吸系统进入血管，随血液循环进入大脑，导致记忆力、专注力、分析推理能力下降，进而产生认知问题，影响学习与工作。例如，长期暴露于黑碳的老年男性的认知能力较低[18]。重污染天气容易诱发或加重人类的焦虑、紧张、愤怒、抑郁等情绪，并增加自杀风险。例如，臭氧、二氧化氮和颗粒物PM_{10}含量的上升会显著引发老年人抑郁症状的增加[19]。由于大气污染对人类认知及情绪的不良影响，人类学习、工作或其他活动的积极性和主动性就会降低，出现低效率、冲动等异常行为。例如，大气污染与自杀风险是正相关的[20]。此外，对于大气污染威胁的担忧还会降低人类的幸福感。大气污染程度越高，居民的个人幸福感越低[21]。

第二章　大气污染治理背景知识

大气污染治理是指在充分考虑区域环境特征的前提下，综合运用各种措施和策略对大气中人为排放的污染物加以预防与整治，以有效提高大气环境质量的活动。大气污染治理需要应用管理学、经济学和环境学等多个学科的研究方法，从全局角度制定宏观调控政策，并在治理过程中创新科学治理技术、协调不同主体利益，最终达到不同类型污染物的治理目标。

第一节　大气污染治理政策

大气污染治理政策即政府针对当前环境问题，为降低大气污染对民众生产生活的不良影响，推动经济可持续增长所采取的各种措施。根据 OECD 对环境政策的分类方式，大气污染治理政策按照政府管制的强制程度可划分为命令-控制型政策、经济激励型政策和道义劝告型政策三类[22]。任何一项政策的出台和实施都会涉及这三种手段[23]，我们的这种分类只是为了更深入地分析讨论。

一、大气污染治理政策类型

大气污染治理的命令-控制型政策，是指政府通过强制力使政策对象采取或不采取某种行为来实现既定的环境目标，对于违反者给予相应的惩罚的政策[22]。大气污染治理的命令-控制型政策主要表现为各种管制，包括各种形式的许可（行政审批）、禁止、强制标准和强制程序等[23]。从原来对重点污染物排放浓度和总量实施双重控制，目前已发展形成了包括"源头控制、过程监管、末端治理"全过程的政策管理体系。例如，排污申报登记制度属于大气污染治理的源头控制政策；涵盖移动源、工业源等多种污染源的污染物排放标准体系则为大气污染治理的过程监管政策；燃煤小锅炉关停整治则属于污染行为发生以后的大气污染治理末端治理政策。

大气污染治理的经济激励型政策主要指政府等相关部门采用诸如税收、补贴等经济手段促使目标群体做出能够达到政府目标的行为，并以此推动政策目标的达成。它与大气污染治理的命令-控制型政策的不同在于，经济激励型政策将大气污染治理与成本-效益相联系，对经济主体有激励作用而非强制作用。大气污染治理的经济激励型政策，可区分为根据"庇古税"定义的大气污染治理政策和根据"科斯定理"定义的大气污染治理政策[24, 25]。根据"庇古税"定义的大气污染治理政策侧重"看得见的手"，即对引起外部性的生产要素加以征税、补贴等。主要包括排污收费、环境保护税及政府补贴等，如当前我国大部分城市已经明确了清洁能源替代的补贴政策和补贴标准，这些补贴政策为清洁取暖的发展带来了突破性进展。根据"科斯定理"定义的大气污染治理主要侧重"看不见的手"，即通过市场机制本身来解决问题，包括排污交易权、生态补偿等政策。

大气污染治理的道义劝告型政策，是一种基于公众的自身主观意识为主参与环境治理的产物。政府通过倡导和说服人们去做或不做某事，没有强制和利益诱导。随着大气污染治理问题的不断复杂化，单纯依靠政府监督治理大气污染所发挥的作用有限，需要社会公众共同承担起社会责任。例如，政府举办的环境听证会、环境信息公开制度、节能环保宣传及公众信访等保障公民的知情权，以及诸如绿色出行等公众主动参与相关大气污染治理行动等，不仅使公众共同承担了社会责任，而且提高了公民的环保自觉性。

二、大气污染治理政策的比较

每种类型的大气污染治理政策都有其相应的优缺点。在具体应用中往往要考虑每种政策的实施环境才能更好地实现政策目标。

大气污染治理的命令-控制型政策具有权威性和强制性，政策由上至下进行层层传达和实施，能够使政策对象在压力下迅速采取行动，政策实施效果显著且与最初的目标偏差较小[26]。例如，《大气污染防治行动计划》超前完成了2013年所提出的目标：到2017年，全国地级及以上城市可吸入颗粒物浓度比2012年下降10%以上。但正是由于其依靠政府的强制力执行，该政策也对政府的执行能力要求较高[27]。大气污染治理的命令-控制型政策极易造成资源浪费，因为在政策的实施过程中，政府部门需要投入大量的人力、物力和财力，同时还要监测大气污染治理措施是否取得了相应的成效，因此成本较高。同时这种政策的灵敏度还不够高，在执行过程中跨辖区和跨部门的协调和沟通不足[27]，对于新出现的污染情况不能适时地推出新政策，易导致严重大气污染防治的滞后性。例如，我国不同地区在大气污染治理中减排成本收益不同而导致的地区环境不公平问题[28, 29]。

大气污染治理的经济激励型政策利用价格规律调控经济主体，免去了政策的层层传达，经济主体可以根据自身情况对市场做出反应，具有较强的灵活性[30]。例如，企业买进排污配额以保障自身转运正常，就是通过市场机制实现环境容量资源的最优配置。不但以相对低廉的生产成本达到了帕累托效率，同时也充分调动了排污企业治理污染的积极性和主动性。但从客观上来说，大气污染治理的经济激励型政策对实施环境要求较高，它的效果也受制于当时技术条件及市场机制的成熟度[31]。在一定程度上市场激励需要消耗大量公共资源，易产生依赖性，扭曲资源配置，降低资源利用效率。不同地区的大气污染治理补贴不同，容易导致地区环境不公平问题[32]，不利于地区的经济发展。

大气污染治理的道义劝告型政策能够获得社会的普遍理解，从而充分调动公众的积极性，使社会分散的公众力量参与大气污染治理，进而产生政策效果。其不仅成本低，且有较强的预防性。在大气污染尚未产生时，公众环保意识的提高干预了人的行为，使其采取相对环保的方式，而且其效果具有长期性，对于公众的行为甚至会产生代际影响，如绿色出行。但是大气污染治理的道义劝告型政策对于政策目标的实现效果较弱，一方面，公众的文化素质水平相差悬殊，目标群体的响应过程分散、难以一致，其参与大气污染治理的积极性也无法控制；另一方面，公众获取的污染信息量有限，大多只是局限于依靠政府部门和企业对外公布的信息，很难深入参与和监督大气污染治理。而且大气污染治理的道义劝告型政策是精神价值分配，要产生效果必须有充分的道理和有效的方式，才能产生认同感，进而产生政策效果。

第二节　大气污染治理技术

面对当前严峻的大气污染形势，大气污染治理工作已经进入全方位推进和综合治理的新阶段，除了科学制定大气污染的综合控制策略以外，还必须注重各种大气污染治理技术的研究和实施。大气污染治理技术，即为有效降低大气污染而采取的面向工业、交通运输及能源的技术措施。

关于大气污染治理技术主要可以分为两大类：源头治理技术和末端治理技术。末端治理即在生产运行过程的末端，针对可能产生的大气污染物建设高效治理设施，既控制重点排放源排放浓度又要达到一定的去除率[33]。也就是说，末端治理技术是在污染物质已经产生，通过后期处理的方法，降低向周围环境排出的技术，如机动车废气三相电源催化剂处置、工业尾气空气净化装置等。目前末端治理技术众多，我们按照污染物类别将末端治理技术分为以下几类。

一、除尘技术

除尘技术是指把固态或液态的灰尘粒子从气溶胶中分离出来，以减少其排放的技术措施，广泛应用于物料的回收和废气的净化[34]，其相应的净化装置为除尘器。按照除尘器的主要工作原理不同，可分为湿式除尘器和干式除尘器两类。湿式除尘器主要是利用水或其他液体（液滴、液膜或气泡）的黏附作用，将粉尘粒子从气溶胶中分离出来的原理，该方式结构简单、费用低廉，但其排出的污水等废弃物有可能产生二次污染，需要进行处理[35]。干式除尘器又可分为机械式除尘器、静电式除尘器、过滤式除尘器。机械式除尘器，一般是利用重力、惯性力或离心力分离原理形成重力沉降室、惯性除尘器和旋风除尘器，使固体或液体中的尘埃粒子从气流中分离出来[36]；静电式除尘器和过滤式除尘器，则分别利用静电吸附原理和空气过滤元件，将粉尘颗粒与气溶胶分离。前者构造简单、投资少，后两者相比前者虽然除尘效率高，但也各有弊端，如静电式除尘器一次性投资费用高、占地面积大等。目前各种方式的除尘技术已应用在电力、冶金、铸造、建材等各个行业，如燃煤电厂锅炉广泛应用静电式除尘器，垃圾焚烧行业广泛应用过滤式除尘器[37]。

二、脱硫技术

SO_2 的控制技术主要分为三大类：①燃烧前脱硫技术，即在燃烧前通过物理（重介质法、磁选法）、化学（氧化法、溶剂萃取法）或生物（生物表面氧化法）等方法脱硫；②燃烧中脱硫技术，主要是在燃烧过程中加入固硫剂，将含硫量高的物质稳定在燃烧物中的脱硫方式；③燃烧后脱硫技术，也被称为烟气脱硫技术，使用石灰石、氨、金属氧化物（如 MgO）及碱性化合物等相关脱硫剂来吸收烟气中的 SO_2[38, 39]。按照脱硫剂及其产物的干湿情况，又可划分为湿法脱硫技术、干法脱硫技术和半干法脱硫技术。如当前中国燃煤发电机组中普遍使用以石灰石作为脱硫剂的湿法脱硫技术，且对于不同容量的机组均具有较好脱硫效果。

三、脱硝技术

脱硝技术，主要是指一种可以在 NO_x 产生后再加以控制的技术，其基本原理是使用液氨、尿素或氨水等不同的催化剂，使 NO_x 迅速还原成 N_2 和水的过程。

根据反应情况不同，脱硝技术可分为选择性催化还原法和非选择性催化还原法。目前选择性催化还原法已相对比较成熟，脱硝率较高，但其所需空间大，虽然其已广泛应用于电力、钢铁和水泥等行业，但其存在催化剂逃逸等问题需要改进。非选择性催化还原法的成本比较低廉，但脱硝效率也低，比较适宜对脱硝能力要求较低的中小型锅炉改造。现已应用于电厂锅炉、工业锅炉、市政垃圾焚烧等领域。

四、其他有机废气处理技术

其他有机废气则主要指挥发性有机物（volatile organic compounds，VOCs），它来源广且持续时间较长，释放到空气中不仅会带来巨大的环境污染，而且不利于人体健康。有机废气处理技术主要包括回收技术和销毁技术两大类[40~42]。回收技术是指通过冷凝、吸收、吸附、膜分离等物理方法，对废气进行回收利用。其中，使用诸如活性炭、沸石等多孔性固体吸附剂进行有机废气处理的吸附技术应用范围最广，在材料印刷、油气回收等行业应用广泛。销毁技术则是对难以回收的废气采用燃烧、生物净化和等离子技术等方法，将其分解为水和 CO_2 进行销毁。其中燃烧法是目前较为成熟的方法，目前常见的燃烧法有直接燃烧、蓄热燃烧、催化燃烧和蓄热催化燃烧。生物净化法和等离子技术大多用于恶臭气味等的治理，但前者近年来在有机废气净化领域的研发进度发展迅速，对各种生物菌剂及新型生物填充剂的研究使其适用范围逐步扩大到了酮类、醛型、酯类等多种形式的生物的净化。

在实际运用中，为取得预期治理效益，可将各种技术综合运用，实现不同技术间的互补协同，以满足大气污染物达标要求。但随着时间的推移、工业化进程的加快，末端治理的局限性也越来越明显。首先，末端治理的设备投资大，企业生产成本较高[41]；其次，由于末端治理技术对污染物处理不彻底，易形成二次污染[43]，如烟气脱硫、除尘产生大量废弃物；最后，末端治理技术容易产生环境资源的浪费，如脱硫技术需要不定期更换脱硫剂等。大气污染防治需要从末端治理转向源头治理。

源头治理，即从优化产业结构、调节能源结构的整体视角入手，完善相关的环境管理制度，进而降低污染物的排放量[44]，也就是要从根本上减少污染物的产生。源头治理基于社会普遍联系的思维，既需要对所有产生污染排放的行业制定针对性的防控措施，又需要从经济结构调整优化升级的角度来告别过去的高污染和高能耗的粗放式发展[45]。源头治理的重点是节能提效和优化能源结构[46]。节能提效的最大潜力来自产业结构的调整，包括优化产业发展布局、淘汰落后和过剩产能、发展绿色环保产业等，如制定并完善高耗能、高污染行业准入条件等。优化能源结构，则主要涉及控制能源消费总量、优先发展清洁能源等举措，如《大气污染防治行动计划》提出要进行能源结构改革，尤其是逐步推进燃煤锅炉的关闭淘汰、建立"无煤区"等举措，从源头减少散煤燃烧量；在终端能源中提高电力消费的比例，积极发展非化石能源和天然气。只有从根本上改变产业结构偏重、能源结构偏煤、产业布局偏乱、交通运输结构不合理等多重压力的格局[47]，才能带来显著的节能效果。

为保障大气污染源头治理的顺利推进，各国应推动源头治理技术的建立。保障性大气污染的源头治理技术主要包括环境经济手段、监测溯源手段及重污染天气应对等预防性的保障措施。环境经济手段包括设置大气污染治理专项资金，对污染达标企业、高新技术企业等给予一定的补助或税收优惠；积极推进排污权有偿使用，进一步健全空气质量补偿机制；等等。监测溯源手段不仅包括各级政府运用行政手段加强对高污染企业的监管力度，还包括各驻市环境监测中心充分利用大数据、信息化手段对大气污染环境进行监测，发现环境监测数据突发超标、环境污染事件等异常情况后进行合理的来源解析以便采取有针对性的控制措施。重污染天气应对等预防性的保障措施，涉及重污染天气应急预案、应急预测与成效评估等，如各方政府应建立健全重污染天气应急预案，细化应急响应措施，并切实落实到企业的各个工艺和环节；对预警发布、预案措施落实及响应措施的针对性和可操作性、环境效益等进行总结评估，总结经验及不足并制定改进措施。

第三节　大气污染协同治理

大气污染具有典型的流动性、区域性和复合性等特点，大气污染源分布在跨越行政边界的广大范围内，通过传统的各地区政府部门各司其职的环保管理机制已难以控制[27]，因此需要综合利用各种治理手段，协同治理大气污染。

协同治理最初指一种社会管理概念[48]，即跨越单一主体边界的管理行为[49]。大气污染的协同治理最初单纯指区域联防联控，区域内地方政府之间对区域总体利益达成的共识，联合规划与执行大气污染控制方案，最终实现提高地区空气质量的目的。随着环境形势的不断变化，当前大气污染的协同治理已经演化为多角度协同，不但涉及大气污染治理的跨区域协同，还涉及大气污染治理的跨部门协同、大气污染治理的跨污染物协同。

大气污染治理的跨区域协同主要指基于大气污染状况，在统筹考虑区域环境承载力、空气污染总量、地方经济发展水平和城市空间相互作用等各种因素的前提下，运用地方行政管辖能力和制度资源冲破行政区域的主体边界，各区域政府共同规划和实施大气环境污染控制方案，最终达到改善区域内空气质量的目标[50]。大气污染治理的跨区域协同有利于各地区相互协作监督，从而改善交叉复合型的大气污染局面，提高区域空气质量。

大气污染治理的跨部门协同即围绕大气资源这个多元利益相关者的共同的区域公共产品，多元利益主体超越组织边界，以复合污染治理目标为约束条件制定管理领域主要措施和发展规划[51, 52]。例如，《打赢蓝天保卫战三年行动计划》《秋冬季大气污染综合治理攻坚行动方案》等方案和政策的出台，就是通过生态环境部门主导、其他相关部门积极配合、共管共治所制定和落实的。

大气污染治理的跨污染物协同是指在开展大气污染治理时，要统筹考虑不同污染物的协同。例如，VOCs 与 NO_x 作为 $PM_{2.5}$ 和臭氧的共同前体物，是 $PM_{2.5}$ 和臭氧协同减排的关键，亦是"十四五"大气污染防治的核心挑战。大气污染物和 CO_2 等温室气体的协同减排也是当前学术界和业界关注的重点。大气环境问题，从根本上就是高碳的能源结构和产业结构问题[53]，大气污染物和 CO_2 在排放上是"同根、同源、同过程"，在治理上是"同频、同效、同路径"，在管理上是"同时、同步、同目标"[54]，即减污与降碳均主要来自煤、石油等化石能源的燃烧和使用，并且在控制手段、措施等方面高度一致，可统筹谋划、协同开展以实现减本增效[54]。二者是一个问题的两个方面，减污政策框架可成为整体降碳任务完成的关键载体，降碳措施可作为源头减污的重要牵引[55]，大气污染物和 CO_2 等温室气体的协同治理必将形成更大的治污合力使大气环境治理提质增效。

大气污染协同治理相较于传统的治理模式的优势体现在以下几方面。首先，大气污染协同治理具有更高的灵活性，其超越了传统"属地管理"体制下各地方政府相互独立、单独治理的传统大气污染治理策略，协同治理能够更加及时地发现问题，避免了单一政府治理下大气污染治理的滞后性。其次，大气污染协同治理在一定程度上有利于将大气污染的负外部性效应内部化，协同的各地政府能够通过采取合理的市场管理手段，通过诸如排污权交易等手段界定并明晰产权从而解决污染负外部性问题。大气污染协同治理通过多污染物协同考虑了大气污染物之间的相互关系，提高了大气污染治理效率，在一定程度上有利于降低治理成本[56]。

大气污染治理是一项漫长且艰巨的任务，协同治理更是适应当今大气污染形势的必然选择。虽然目前各地区逐渐优化大气污染的协同治理措施，治理成效也被发达国家和我国在奥运会、世界博览会、亚运会期间的大气污染治理实践所证明，但仍存在一定问题和进一步完善的空间。例如，地区政策的协同性较弱，缺乏统一治理的规划、监测、监管和评估等标准，并且没有明确配套的法律保障体系，使得区域之间经济发展与环境保护失衡。同时，目前大气污染的协同治理大多通过政府间的合作方式进行推动，社会组织和一般公众参与的程度相对较低[27]。因此，亟须加强大气污染协同治理的顶层设计，一方面，从制度和技术视角完善，切实保障治理效果；另一方面，积极营造全社会参与大气污染协同治理的浓厚氛围，建立三位一体（公众、企业和政府）的大气污染协同治理的监督机制。

第三章　大气污染排放现状：
以京津冀地区为例

　　《大气污染防治行动计划》实施以来，全国空气质量持续改善，但大气污染防治仍艰巨。全国 $PM_{2.5}$ 平均浓度由 2013 年的 72 微克/米^3 下降至 2019 年的 36 微克/米^3，但仍高于《环境空气质量标准》（GB 3095—2012）35 微克/米^3 和 WHO 标准 10 微克/米^3，中国大气污染治理仍任重道远。党的十九大报告指出"坚持全民共治、源头防治，持续实施大气污染防治行动，打赢蓝天保卫战"，并提出"必须树立和践行绿水青山就是金山银山的理念"。大气污染防治已经上升为国家战略的新高度，各级政府面临越来越严峻的环境保护形势。另外，臭氧浓度逐年上升，$PM_{2.5}$ 和臭氧的复合污染已成为我国环境治理的关键问题，制定区域之间的大气污染联防联控政策对我国空气质量改善具有重要意义，充分了解 $PM_{2.5}$ 和臭氧的时空分布规律、协同作用规律及污染产生的驱动因素，是制定相关政策的重要前提条件。基于历史污染浓度观测数据，本章分析了重点区域 $PM_{2.5}$ 和臭氧的时空分布规律，揭示了京津冀地区 $PM_{2.5}$ 和臭氧的空间分布特征、时间演变规律及变化趋势，为确定各地区污染状况提供了依据。

第一节　大气污染排放时间特征

　　目前，京津冀地区的污染问题较为突出，加强京津冀地区的臭氧污染控制对我国大气污染防控具有重要意义。2019 年京津冀地区以 $PM_{2.5}$ 和臭氧为首要污染物的天数分别占总超标天数的 42.9%和 48.2%，$PM_{2.5}$ 浓度较上年下降了 1.7%，臭氧浓度却增加了 7.7%。$PM_{2.5}$ 和臭氧污染的协同控制成为京津冀地区大气污染治理的关键。基于北京、天津、石家庄 2016 年 1 月 1 日至 2018 年 12 月 31 日 $PM_{2.5}$ 和臭氧日均浓度数据，京津冀地区 $PM_{2.5}$ 和臭氧污染随时间的演变趋势、污染变化趋势如图3-1所示。

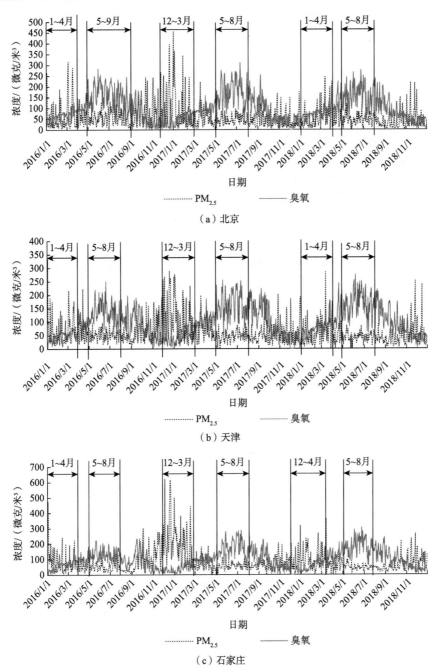

图3-1 北京、天津、石家庄2016~2018年$PM_{2.5}$和臭氧日均浓度变化

2016 年 1 月 1 日至 2018 年 12 月 31 日北京、天津、石家庄的 PM$_{2.5}$ 平均浓度分别为 59.93 微克/米^3、60.39 微克/米^3、84.44 微克/米^3，石家庄的 PM$_{2.5}$ 污染相较于北京和天津更加严重。北京、天津、石家庄的臭氧平均浓度分别为 98.23 微克/米^3、98.32 微克/米^3、99.60 微克/米^3，京津冀地区臭氧污染没有明显差异。2018 年北京、天津、石家庄的 PM$_{2.5}$ 浓度峰值分别为 244 微克/米^3、285 微克/米^3、364 微克/米^3，与 2016 年的 396 微克/米^3、344 微克/米^3、621 微克/米^3 和 2017 年的 454 微克/米^3、277 微克/米^3、445 微克/米^3 相比，总体呈降低的趋势。PM$_{2.5}$ 浓度峰值的降低，说明京津冀地区 PM$_{2.5}$ 控制取得了一定成效。2018 年北京、天津、石家庄的臭氧浓度峰值分别为 277 微克/米^3、276 微克/米^3、306 微克/米^3，与 2016 年的 283 微克/米^3、250 微克/米^3、236 微克/米^3 和 2017 年的 311 微克/米^3、255 微克/米^3、287 微克/米^3 相比，2016~2018 年北京总体呈降低趋势，天津和石家庄两地总体呈升高的趋势。天津和石家庄地区臭氧浓度峰值的升高，说明津冀地区臭氧污染有升高的趋势。

《环境空气质量标准》（GB 3095—2012）规定日均 PM$_{2.5}$ 和臭氧 8 小时平均浓度限值二级标准分别为 75 微克/米^3 和 160 微克/米^3。根据统计结果，2018 年北京、天津、石家庄 PM$_{2.5}$ 超过二级标准的天数比例分别为 20%、18%、34%，臭氧超标天数比例分别为 18%、22%、25%；2017 年北京、天津、石家庄 PM$_{2.5}$ 超过二级标准的天数比例分别为 24%、26%、38%，臭氧超标天数比例分别为 18%、21%、21%；2016 年北京、天津、石家庄 PM$_{2.5}$ 超过二级标准的天数比例分别为 37%、31%、46%，臭氧超标天数比例分别为 19%、9%、11%。从超标天数的比例来看，PM$_{2.5}$ 超标天数呈下降趋势，臭氧超标天数呈上升趋势，二者的超标比例仍处于较高水平，占比达到 18%~34%。

从时间特征来看，各地区 PM$_{2.5}$ 浓度峰值均出现在 12 月至次年 3 月，而臭氧浓度峰值均出现在 5~9 月。因此，PM$_{2.5}$ 污染与臭氧污染呈现交替出现的特征，夏季臭氧污染更严重，冬季 PM$_{2.5}$ 污染更严重。

同时，对京津冀地区 PM$_{2.5}$ 和臭氧污染的相关性进行了分析。以京津冀地区 13 个城市（北京、天津、石家庄、唐山、秦皇岛、邯郸、邢台、保定、张家口、承德、沧州、廊坊、衡水）2016 年 1 月 1 日至 2018 年 12 月 31 日 PM$_{2.5}$ 和臭氧日均浓度数据为样本，利用 Pearson 相关系数检验，进行 PM$_{2.5}$ 和臭氧的相关性分析。Pearson 相关系数的定义如下：$\rho = \dfrac{\sum\limits_{i=1}^{n}(X_i - \overline{X})(Y_i - \overline{Y})}{\sqrt{\sum\limits_{i=1}^{n}(X_i - \overline{X})^2}\sqrt{\sum\limits_{i=1}^{n}(Y_i - \overline{Y})^2}}$。其中，$X_i$ 为 PM$_{2.5}$ 浓度的观测值；Y_i 为臭氧浓度的观测值；样本数量 n 为 1 096。

京津冀地区 13 个城市全年及春季、夏季、秋季、冬季 PM$_{2.5}$ 和臭氧数据相关性检验结果如表 3-1 所示。从全年检验结果来看，除张家口外大部分城市全年（1~12 月）的 $PM_{2.5}$ 和臭氧呈负相关，显著性水平较高，相关系数平均值为-0.25，二者之间存在显著的负相关关系。由此可知，$PM_{2.5}$ 含量越高的时段，臭氧的含量越低，二者呈显著的中等程度负相关。对于冬季两种污染物相关性分析的实证结果表明，京津冀样本城市冬季（12 月、1 月、2 月）的 $PM_{2.5}$ 与臭氧呈负相关，显著性水平较高，相关系数均值为-0.39，两种污染物之间存在较强的负相关关系。对于夏季两种污染物相关性分析的实证结果表明，京津冀样本城市夏季（6 月、7 月、8 月）的 $PM_{2.5}$ 与臭氧呈正相关，显著性水平较高，相关系数均值为 0.36，两种污染物之间存在较强的正相关关系。对于春季两种污染物相关性分析的实证结果表明，京津冀大部分城市春季（3 月、4 月、5 月）的 $PM_{2.5}$ 与臭氧的相关系数均值为 0.10，并且无法通过显著性检验。只有张家口、石家庄、保定，相关性的显著性水平较高。两种污染物在春季的相关关系并不明显。对于秋季两种污染物相关性分析的实证结果表明，京津冀大部分城市秋季（9 月、10 月、11 月）的 $PM_{2.5}$ 与臭氧的相关系数均值为-0.13，且显著性检验不能通过。只有邯郸、邢台、保定、沧州、廊坊、衡水相关性的显著性水平较高。京津冀地区的两种污染物在秋季的相关关系并不明显。

表 3-1 京津冀地区 $PM_{2.5}$ 与臭氧的相关性检验

城市	春季	夏季	秋季	冬季	全年
北京	0.11	0.47***	-0.04	-0.48***	-0.06*
天津	0.04	0.38***	-0.10	-0.40***	-0.19***
石家庄	0.21***	0.28***	-0.10	-0.41***	-0.32***
唐山	0.06	0.44***	-0.11	-0.47***	-0.20***
秦皇岛	0.03	0.54***	-0.02	-0.33***	-0.10**
邯郸	0.05	0.20***	-0.23***	-0.42***	-0.37***
邢台	-0.03	0.20***	-0.21***	-0.32***	-0.37***
保定	0.17**	0.23***	-0.19***	-0.46***	-0.36***
张家口	0.26***	0.64***	-0.04	-0.28***	0.05
承德	0.15	0.54***	-0.09	-0.39***	-0.10**
沧州	0.13*	0.35***	-0.17***	-0.37***	-0.31***
廊坊	0.10	0.39***	-0.16***	-0.47***	-0.22***
衡水	0.01	0.06	-0.29***	-0.31***	-0.36***

***、**、*分别表示 1%、5%、10%水平上显著

第二节　大气污染排放重点控制单元

臭氧是典型的二次污染物，控制其前体物排放是治理的关键。臭氧的前体物主要是 NO_x 和 VOCs，而这两种污染物同样也是 $PM_{2.5}$ 的前体物。作者梳理了京津冀地区各区县 NO_x 和 VOCs 工业源分布情况。从 NO_x 排放量来看，各区县的 NO_x 排放的空间分布模式各不相同，排放量较高的地区不仅出现在主城区，也会出现在周围郊区。各市级行政区的邻接县域通常污染水平基本相类似。整体上呈现出较明显的空间集聚效应。排放量高的区域主要集中在邯郸市、石家庄市、张家口市和唐山市等地区。其中，邯郸市的高 NO_x 排放地区主要集中在其西部的武安市和复兴区等地；石家庄市的高 NO_x 排放地区主要集中在其西部，包括平山县和井陉县等；张家口市的高 NO_x 排放地区主要集中在中部的宣化区；唐山市全市区域的所有县级单位 NO_x 排放均处于较高水平，乃至于周围的天津市滨海新区和秦皇岛市昌黎县等区域的 NO_x 也较高。

从 VOCs 排放量来看，京津冀地区的 VOCs 排放量高的地区主要集中在南部及东部，包括邯郸市、石家庄市、唐山市和沧州市等。石家庄市总体也呈现出一定的空间集聚情况。其中，邯郸市的 VOCs 排放量高的地区与 NO_x 相同，主要集中在武安市；石家庄市的 VOCs 排放量高的地区主要集中在其中部的藁城区；唐山市同样也是所有县域均呈现较高的 VOCs 排放量，丰南区和迁安市尤其严重；沧州市的 VOCs 排放量高的地区主要集中在其中部的沧县。

我们进一步对工业源中的重点控制行业进行了分析，工业源 NO_x 排放量最大的三个行业分别是黑色金属冶炼和压延加工业、电力热力生产和供应业、非金属矿物制品业。通过分析京津冀地区各区县黑色金属冶炼和压延加工业 NO_x 排放量和排放强度的分布情况可得，从排放量来看，黑色金属冶炼和压延加工业的 NO_x 排放呈现出较明显的空间集聚效应，排放量高的区域主要集中在唐山市和邯郸市的部分地区。其中，唐山市的 NO_x 排放均处于较高水平，分布范围较广，在迁安市、丰南区、滦州市、丰润区、曹妃甸区等地区排放量都较大，而邯郸市的高 NO_x 排放地区主要集中在武安市。从排放强度来看，京津冀地区各区县黑色金属冶炼和压延加工业 NO_x 排放强度差别较大，排放强度高的区县多分布在省或市的边界处。排放强度较大的地区主要包括保定市的涞源县、承德市的宽城满族自治县、邯郸市的磁县、邢台市的襄都区、张家口市的赤城县等地区。

通过分析京津冀地区各区县电力热力生产和供应业 NO_x 排放量和排放强度的分布情况可得，从排放量来看，电力热力生产和供应业的 NO_x 排放分布较为分散，主要集中在各城市的郊区或下辖县城。其中，张家口市的经济技术开发区、天津市的滨海新区、石家庄市的井陉县和平山县、沧州市的渤海新区、唐山市的曹妃甸区等地区排放量较高。从排放强度来看，京津冀地区各区县电力热力生产和供应业 NO_x 排放强度分布较为分散，排放强度较大的地区主要分布在邯郸市的馆陶县，衡水市的武邑县和枣强县，廊坊市的文安县，唐山市的迁西县等地区。

通过分析京津冀地区各区县非金属矿物制品业 NO_x 排放量和排放强度的分布情况可得，从排放量来看，非金属矿物制品业的 NO_x 排放分布范围较广，排放量高的区域主要分布在唐山市、石家庄市、邢台市、邯郸市等地区。其中，唐山市的高 NO_x 排放地区主要集中在丰润区、古冶区和海港经济开发区，石家庄市的高 NO_x 排放地区主要集中在行唐县和鹿泉区，邢台市的高 NO_x 排放地区主要集中在沙河市，邯郸市的高 NO_x 排放地区主要集中在武安市。从排放强度来看，京津冀地区各区县非金属矿物制品业 NO_x 排放强度总体分布比较分散，排放强度较大的地区主要分布在邢台市、沧州市、张家口市的部分郊区或下辖县城。其中，邢台市的柏乡县和威县、沧州市的渤海新区、张家口市的康保县和尚义县是排放强度较高的地区。

工业源中 VOCs 排放量最大的三个行业分别是黑色金属冶炼和压延加工业、化学原料和化学制品制造业、石油煤炭及其他燃料加工业。通过分析京津冀地区各区县黑色金属冶炼和压延加工业 VOCs 排放量和排放强度的分布情况可得，从排放量来看，黑色金属冶炼和压延加工业的 VOCs 排放分布与有色金属冶炼和压延加工业较为相似，排放量高的区域主要集中在唐山市和邯郸市的部分地区，呈现出较明显的空间集聚效应。其中，唐山市的 VOCs 排放量高的地区主要集中在迁安市、滦州市、丰南区、曹妃甸区、遵化市等地区，邯郸市的 VOCs 排放量高的地区主要集中在武安市和复兴区。从排放强度来看，京津冀地区各区县黑色金属冶炼和压延加工业 VOCs 排放强度较大的地区与排放量较高的地区分布趋势较为一致，排放强度较大的地区主要集中在唐山市的曹妃甸区和遵化市、石家庄市的平山县、保定市的涞源县、秦皇岛市的海港区等地区。

通过分析京津冀地区各区县化学原料和化学制品制造业 VOCs 排放量和排放强度的分布情况可得，从排放量来看，化学原料和化学制品制造业的 VOCs 排放分布较为分散，排放量高的区域主要分布在京津冀中部和南部地区的郊区或下辖县城。排放量较高的地区主要包括沧州市的渤海新区、衡水市的经济开发区、石家庄市的元氏县及栾城区和循环化工园区、天津市的滨海新区等地区。从排放强度来看，京津冀地区各区县化学原料和化学制品制造业 VOCs 排放强度差别较大，没有明显的空间聚集效应，与排放量的分布存在较大差异。排放强度较大的地区主要分布在承德市的丰宁满族自治县、沧州市的盐山县、邢台市的柏乡县和隆尧县、石家庄市的栾城区等地区。

通过分析京津冀地区各区县石油煤炭及其他燃料加工业 VOCs 排放量和排放强度的分布情况可得，从排放量来看，石油煤炭及其他燃料加工业的高 VOCs 排放主要分布在中部的唐山市、定州市和南部的邯郸市、石家庄市等地区。其中，唐山市的 VOCs 排放量高的地区主要集中在迁安市和古冶区，邯郸市的 VOCs 排放量高的地区主要集中在武安市和峰峰矿区，石家庄市的 VOCs 排放量高的地区主要集中在井陉矿区，此外，北京市的房山区和承德市的双滦区也是排放量较高的地区。从排放强度来看，京津冀地区各区县石油煤炭及其他燃料加工业 VOCs 排放强度的分布趋势与排放量较为相似，排放强度较大的地区主要分布在中部和南部的部分地区。排放强度较大的地区主要包括邯郸市的磁县、石家庄市的藁城区和无极县、唐山市的滦南县等地区。

在重点控制行业及区域的基础上，进一步分析了京津冀地区重点控制行业的主要排放企业。从 NO$_x$ 排放企业名单来看，唐山市、邯郸市和张家口市的重污染排放企业居多，分别包含 7 家、5 家和 5 家企业。此外，石家庄市包含 4 家，承德市包含 2 家。唐山市的重污染排放企业地理位置相对较为分散，主要包括曹妃甸区、乐亭县、迁安市、丰润区和海港经济开发区；邯郸市的重污染排放企业主要集中于复兴区和峰峰矿区；张家口市的重污染排放企业主要集中于经济技术开发区和宣化区；石家庄市的重污染排放企业主要集中于井陉县、平山县、井陉矿区和行唐县。从 VOCs 排放企业名单来看，唐山市、沧州市和石家庄市的重污染排放企业较多，分别包含 10 家、4 家和 4 家。

第二篇　国内外经验总结

第四章 大气污染协同控制经验梳理

PM$_{2.5}$和臭氧是造成京津冀地区雾霾污染和臭氧问题的主要空气污染物,两者的协同控制已成为我国各地空气质量管理和打赢蓝天保卫战的关键。本章总结国内外地区对 PM$_{2.5}$ 和臭氧等污染物综合治理的成功经验,为我国重点区域实施 PM$_{2.5}$和臭氧协同治理措施提供一定的现实指导。

第一节 美国加利福尼亚州光化学烟雾治理经验

自 20 世纪 40 年代以来,美国加利福尼亚州经历了严重的环境污染问题,如 1943 年洛杉矶暴发的光化学烟雾事件,严重影响了当地居民的生活。尽管美国肺脏协会发布的报告显示,近年来加利福尼亚州地区的空气质量在美国排名倒数,但是其严重的雾霾天气、烟雾污染天气已明显减少,其中与 1967 年相比,加利福尼亚州政府成功减少了 90% 的黑碳排放,2019 年成功实现 0 次烟雾预警报告,实现了环境治理与经济发展的双赢。因此,他们的环保经验仍值得我们借鉴。

加利福尼亚州在以下五个方面做出了有益的探索,值得我们借鉴。防治早期,由于加利福尼亚州政府并没有充分认识到污染物的来源、成分和形成机制,只是认为 PM$_{2.5}$ 和臭氧的来源是汽车尾气、VOCs 等。早期措施主要为一些末端治理政策,如控制机动车尾气、搬迁工厂、禁止垃圾焚烧、将蒸汽火车换为柴油卡车等。这些措施取得了很好的成果,最为明显的是洛杉矶地区因煤炭燃烧产生的黑烟的消失,这使得洛杉矶成为美国空气污染控制的模范城市。为了更好地治理空气污染,1967 年,加利福尼亚州政府成立了加利福尼亚州空气资源委员会(California Air Resources Board,CARB)以取代洛杉矶机动车污染控制委员会和空气卫生局,使加利福尼亚州环保部门的职权更大。20 世纪 70 年代开始,美国开始推行用新能源取代石油等传统能源,以期解决环境污染问题。90 年代开始,加利福尼亚州政府开始鼓励新能源汽车政策。随着科学研究的进步，加利福尼亚州政府才意识到了 NO_x 和 VOCs 是光化学污染的主要成因。为了实现更高的减排目标及更好地治理环境污染，加利福尼亚州政府开始推行多种污染物协同控制政策。回顾加利福尼亚州长期应对光化学烟雾的过程，可以发现一些值得重视的经验。

一、空气污染数据透明化、公开化

根据美国环境保护署（U.S. Environmental Protection Agency，USEPA）颁布的《国家环境空气质量标准》，CARB 在全州及加利福尼亚/墨西哥边境沿线设有 250 多个空气监测站。这些监测站可以监测出大气主要污染物、有毒空气污染物、温室气体的排放。这些检测数据可提供实时空气质量信息，确定污染趋势，完成农业燃烧预测，评估社区暴露程度，并验证空气质量模型和排放清单。

二、实施多个空气质量计划

加利福尼亚州政府为解决臭氧和颗粒物污染问题，达到美国环境保护署制定的环保要求，制定实施了多个计划。例如，美国环境保护署规定的必须制定州实施计划（简称 SIP 计划），为提高国家公园和荒野能见度的区域雾霾计划，为改善帝国郡-墨西哥边界地区空气质量的加利福尼亚-墨西哥边境计划，以及针对 13 个臭氧和 $PM_{2.5}$ 不达标的地区制定的特殊的政策等空气质量计划。

三、市场激励措施与行政命令措施并举

由于工业、农业、交通是加利福尼亚州空气污染的重点源头，为了减少污染排放，加利福尼亚州政府针对农业源和固定源采取了严格的命令性措施，在交通领域采用了资金激励措施。

（一）农业源和固定源

加利福尼亚州的甲烷排放量有一半来自畜牧业，加利福尼亚州政府针对粪便处理、益生菌发酵等制定了不同的减排政策。加利福尼亚州在各个空气质量区展开对固定源的监测，为符合环保规定的工业设施颁发许可证。例如，为便携式动力设备提供动力的发动机是形成烟雾的重要来源。通常，此设备的使用受使用该设备的当地空气污染控制区颁发的许可证的管制。此外，加利福尼亚州政府实施了美国环境保护署颁布的工业最佳可用技术。例如，合理可用的运

输控制措施，促进使用低排放车辆的措施，以及关于涉及区域范围和间接来源的计划。

（二）市场激励措施

目前，加利福尼亚州的资金激励计划主要包含清洁汽车、新旧车替换方面。例如，大众汽车成立了加利福尼亚州环境治理信托基金，以减轻大众柴油车辆使用不符合排放规定，导致过量 NO_x 排放。该信托基金是大众汽车解决方案的组成部分，不仅参与了新能源汽车零排放（zero emission vehicle，ZEV）计划，还为诸如公路货运卡车、公交和穿梭巴士、校车、叉车和港口货物装卸设备、商船和货运转换机车等重型车提供"报废和替代"项目。还有混合动力和零排放卡车和巴士券奖励项目，该计划是一项全州范围的计划，为低 NO_x 发动机、氢燃料电池或电池电动卡车和公共汽车提供政策优惠，减少成本。

四、建立绿色交通体系，推广新能源汽车

由于交通源是加利福尼亚州 NO_x 和颗粒物及硫化物重点污染源之一，因此加利福尼亚州政府对铁路运输、机场、远洋船舶和货运等分别制定了不同的减排计划并大力推广新能源汽车，建立了绿色、环保的交通体系。铁路运输方面：加利福尼亚州政府结合联邦和本州法规，提出了资金激励及约束性协议等措施，大幅度减少了铁路运输过程产生的污染物。主要措施为：①减少铁路运输排放计划。修订了新车和机车发动机的排放标准并降低了再制造机车和机车发动机的排放标准。②开展道路先进示范项目、多源设备示范项目等 CARB 奖励资金计划，根据相关法律判断设备是否满足环保资格进而获得奖励，从而鼓励铁路公司开发更加清洁的技术。③1988 年，加利福尼亚州政府与联合太平洋公司（Union Pacific Company，UP）和伯灵顿北方圣太菲铁路运输公司（BNSF Railway Company）签署了火车排放协议，引进清洁机车到南海岸空气盆地使用，以减少 NO_x 排放。该协议提供了国家实施 SIP 计划的可信减排量。远洋船只和港口工艺品方面：加利福尼亚州政府规定了加利福尼亚州远洋船只燃料的 VOCs 含量标准，用于减少商用船舶（包括远洋轮船和海上轮船）排放的柴油机颗粒物质（PM）、NO_x 和硫氧化物（SO_x）。加利福尼亚州政府还在机场推广了零排放设备，用于飞机供电，运送往返货物、行李和搭载乘客，可以有效地减少烟雾污染和温室气体。此外，针对大型重型柴油机车污染问题，加利福尼亚州政府还建立了可持续货运计划。设立了低碳燃油标准、汽油和柴油标准；合理规划住房和交通布局，尽可能为公众提供便利的公共交通，减少乘车时间；为减少城市公交车和过境车队的柴油

机颗粒物和 NO_x 的排放，2000 年加利福尼亚州政府通过了《过境车队规则》，要求运输机构必须选择柴油路径或替代燃料路径。为了推行新能源汽车，加利福尼亚州政府推出 ZEV 计划。该计划具有技术强制性要求，从而实现了长期减排目标。

五、动员全社会共同参与

加利福尼亚州政府减排措施中很重要的一项就是动员全社会参与其中。加利福尼亚州政府针对垃圾露天焚烧、工厂废气及机动车尾气排放设立了专门的投诉热线和相应的邮箱地址，以便群众监督。加利福尼亚州政府还在官网上面推行了公众可做的 50 件小事，如鼓励公众步行和骑自行车出行、选择电动汽车或者其他更环保的出行方式、多吃低碳食物、尽可能地选择可再生能源等，这有助于加利福尼亚州减少大约 50% 的居民温室气体排放。加利福尼亚州政府还对生活用品生产过程设立污染物排放标准；设立了除臭剂、止汗剂的 VOCs 排放标准；一般消费品污染物排放标准；气雾剂涂料和油漆的臭氧标准。加利福尼亚州政府还实施了消费用品的替代控制计划，主要提倡用污染物较低的产品替代含量较高的产品。

通过一系列的举措，加利福尼亚州政府有效地控制了烟雾、臭氧、有害污染物、颗粒物、温室气体的排放。例如，1960~2010 年，美国南加利福尼亚州 NO_x 和 VOCs 的浓度分别为 2.6% 和 7.3%，VOCs 减排力度超过 NO_x，有效降低了臭氧浓度和污染程度。其中，与 2000 年相比，2019 年洛杉矶地区的 $PM_{2.5}$ 的浓度下降了 50%，臭氧的浓度下降了 12%，NO_2 的浓度下降了 53%。旧金山地区的 $PM_{2.5}$ 的浓度下降了 37%，NO_2 的浓度下降了 26%，SO_2 的浓度下降了 52%，CO 的浓度下降了 56%。

纵观加利福尼亚州政府治理 $PM_{2.5}$ 和臭氧的全过程，我们发现了以下治理经验：①建立空气质量区，确定机动车污染源头，制定严格的机动车尾气排放标准及燃油标准。②多种手段并举，控制污染物排放。加利福尼亚州政府除了制定严格的标准外，还通过经济补偿、污染物交易等经济激励的方式鼓励企业、群众参与到环保减排事业中。③鼓励技术创新，倒逼产业实现技术升级。④倡导群众、学术机构、教育机构积极参与。正是在此基础上，加利福尼亚州空气污染的治理不但没有影响经济发展，而且还带动相关产业的技术更新，促进了经济可持续增长。

第二节　美国纽约 $PM_{2.5}$ 和臭氧协同控制经验

20 世纪下半叶，纽约遭受了多次雾霾污染，导致了上千人患病，因而，被冠以"雾都"的称号。2015 年美国肺脏协会的报告称，纽约的烟雾污染在美国排名第十，是美国烟雾污染比较严重的城市。同时，该协会还表示纽约的臭氧污染的得分也很低。然而，经过一系列的治理措施，纽约的空气质量有所改善。相关研究显示，2012 年，纽约的 $PM_{2.5}$ 浓度从 2008 年的全国排名第七降至第四，取得了有效的成果。纽约是美国的经济金融中心、工业中心，也是重要的交通枢纽。与我国京津冀地区承担的职能大体相同。因此，纽约的成功治理经验对于京津冀地区而言也是一个很好的借鉴。

污染暴发初期，纽约认为人体所患有的健康疾病与空气中排放的烟尘有关，因此颁布了《烟尘法令》，以此来规制在城市中排放浓烟的行为。但是这些措施并没有根治污染问题，纽约环境问题越来越严重。为了治理越来越严重的空气污染问题，联邦政府在全国范围内出台了《空气污染控制法》（1955 年）、《清洁空气法》（1963 年）、《空气质量法》（1967 年）等。但由于对空气污染的认知比较片面，纽约州政府没有掌握大气污染形成的规律，虽拨款用于研究，但并没有相关措施用以控制空气污染，因而无法顺利实现减排目标。随着科技的进步，纽约认识到颗粒物、地表臭氧、CO、SO_2、NO_x 和铅这六种大气污染物对居民、环境造成的联合影响，纽约州采取了诸多措施，促进经济转型，大幅度减少了烟雾污染。

一、严格管控空气污染源

对空气污染物排放源的管制是纽约改善空气质量的重要措施之一。纽约经分析发现，未受到管制的空气污染源占到当地 $PM_{2.5}$ 排放量的 14%。为了改善空气质量，2016 年纽约更新了空气污染控制规范，将原来不受管制的污染排放源也纳入了控制范围，如商业炭炉、木材锅炉、冷藏车和移动食品卡车。

（1）移动源治理：汽车的排放物是空气污染物的重要来源之一，因此纽约州颁布了一系列的车辆整治计划。例如，错峰运输；鼓励拼车、雇主补贴公共交通费用；实施车辆检查计划淘汰老旧车辆；制定汽车尾气排放标准；大力推进低排放/零排放电动车；为运送食品的卡车和冷藏车等重型机车辅助动力装置提供清洁技术；选择更清洁的燃料，石油供应商以多种优惠的方式鼓励使用生物机油。除此之外，2007 年，纽约出台了《更葱绿、更美好的纽约》规划，不断改进公交系统，扩建人行道和步行街，致力于将纽约建设成一个绿色环保都市。

（2）固定源：空气污染源部分来自大型或小型设施所进行的工业、商业活动。主要实施两类措施：一类是通过为大型设施持有者颁发空气设施许可证来达到防止或限制工业和商业设施的污染逸出的目的。另一类则是为小型企业所有者提供免费援助以达到减排的目的。例如，创立减排信用额度，允许设施所有者利用足够的减排信用额度进行排放交易计划，即用控制成本较高的排放源与控制成本较低的排放源进行交易。规定干洗店、火葬场等设施的排放符合控制要求。

二、在线共享数据，便于科学研究

为便于开展科研性质的监测，判断污染演变趋势。纽约州政府逐年优化位点，采用全面检测、只监测 $PM_{2.5}$ 一个指标或臭氧、无机元素碳和 $PM_{2.5}$ 组合监测等方法，极大地降低了成本。制定空气毒理学计划，使用最新的科学方法，如计算机建模、空气监测和风险评估程序等来确定如何控制有害物质。此外，纽约市健康与心理卫生局开发了社区空气质量智能调查工具包，可在线共享空气质量数据，为公立学校和社区组织开设环保培训课程。

三、大力推进清洁技术和新能源

（1）机动车燃油替换：纽约州政府通过更换机动车燃料，依靠创新项目开发新技术和替代燃料，改善空气质量。例如，2014 年 10 月纽约市布鲁克林区启动了首座太阳能电动车充电站，这一新科技的应用可能为纽约市提供永续能源解决方案。同时，纽约市还推广清洁卡车计划，为卡车车主提供资金用于支付升级为燃气或混合动力车的成本，帮助车主自愿升级清洁车辆或清洁燃料。另外，为了推广清洁能源，石油供应商以个人所得税退税、费用折扣、团购优惠或其他优惠的方式鼓励使用生物机油。

（2）建筑物/锅炉燃料替换：纽约市通过推动建筑物取暖燃料升级换代，使用清洁燃料，来控制锅炉燃烧产生的废气。自 2013 年起，纽约市立法规定燃烧重油的楼房取暖须在 20 年内逐渐更换为燃用天然气或更清洁燃油，否则将面临重罚。为促进锅炉改造，纽约市还运用了一系列综合的技术经济激励措施。例如，由 NYC Retrofit Accelerator 技术团队，根据建筑物特点，确定合适的清洁燃料，并为业主提供简单的投资回报分析，通过与天然气公用事业机构协调以降低接入成本，并且寻找合格的承包商、工程师和能效专家。

（3）实施清洁取暖计划：鼓励居民采用洁净的取暖能源，其中特别突出的是把燃烧重油的取暖设施改为燃烧天然气。

四、实现区域联防联控

（1）区域温室气体倡议：纽约州联合其他 9 个州实行减少 CO_2 排放的强制性基于市场的排放交易程序，这些州共同设定了这些地区发电设施的 CO_2 排放上限，发电厂主要通过季度拍卖和购买的方式来获得排放配额。

（2）与新泽西州的合作：由于空气污染物在州与州之间跨越边界地扩散，极大地增加了它的治理难度。在联邦的支持下，纽约州和新泽西州成立了州际卫生委员会。该委员会享有空气污染控制权力，并更新改良了空气污染预警系统标准。

五、积极鼓励大众参与

纽约州空气质量的改善离不开公众的积极参与。纽约州政府在纽约州环境保护部官网实时更新有关纽约州空气质量的会议、网络研讨会和培训等事项，鼓励民众参与，提高环保意识；提出"空气清洁始于家庭"，倡导从日常生活着手减少空气污染，如割草和处理垃圾等。此外，政府还建议父母向孩子普及空气污染相关知识，并为儿童编写在线空气污染信息。

经过一系列的治理，纽约的空气质量发生了质的变化。例如，$PM_{2.5}$ 的年平均浓度从 1971 年的 75 微克/米^3 下降到 2012 年的 12 微克/米^3。2008~2013 年，纽约的 $PM_{2.5}$ 下降了 25%，下降速度为美国大城市中最快的。纽约在美国大城市空气质量排行榜的位次也从 2008~2010 年的第 7 位上升到 2011~2013 年的第 4 位。纽约2015 年的环境报告显示，2010~2015 年，纽约市 $PM_{2.5}$ 值下降了 30%~40%，CO浓度为 30 年前的十五分之一，SO_2 为 30 年前的三分之一。

纽约成功实现 $PM_{2.5}$ 和臭氧协同控制的经验在于：①成立了区域合作机制，州际合作极大地推进了政策的落实及后续的监督协管。区域之间如何进行统筹规划、中央如何制定合理的制度框架、区域之间如何进行监督管理，都可以从纽约的治理中汲取经验。②对污染物强有力地监管，根据当地的情况更新管制规范，让污染物处在更严格的监管之下。对固定污染源、移动污染源采取不同的管制措施。③大力推行清洁能源，除强制报废、更换污染设施或能源外，还提出激励措施，引导居民自行更换清洁设施、采用清洁能源，以此来达到减排目的。④真正做到全社会参与，不仅在门户网站实时更新数据、发布信息，也在线下开展讲座、研讨会、培训课程，来增强居民的参与感和责任感。

第三节　欧盟地区近地面臭氧污染和颗粒物协同治理经验

20 世纪上半叶，欧共体成员国中发生了比利时马斯河谷烟雾事件和英国伦敦烟雾事件等众多空气污染事件，造成了重大人员伤亡。由此，欧盟及其成员国开始对大气污染高度重视，制定了比较完善的大气污染防治法加以预防和治理。根据欧洲环境署《2019 年欧洲空气质量报告》，2017 年欧盟 28 国仍有多数城市处于 $PM_{2.5}$ 不达标状态，约有 8% 的人暴露在 $PM_{2.5}$ 不达标区域，而 77% 的人口暴露在 $PM_{2.5}$ 浓度更高的环境中。尽管如此，与过去污染较重的情形相比，欧盟成员国的空气质量有所改善。相关数据显示，2000~2017 年，欧盟成员国的硫化物下降了 77%，人均污染物/国内生产总值（gross domestic product，GDP）下降了 40%。2006~2014 年，$PM_{2.5}$ 下降了 28%；2013 年以来，生活在臭氧超标地区的欧盟人口数量有所下降。由于欧盟地区的污染治理经验较为丰富，其制定的标准及政策已经形成一套完备的体系。而且其与京津冀区域环境治理有一定的相似性，因此其治理经验对京津冀协同治理臭氧和 $PM_{2.5}$ 具有一定的借鉴意义。

一、跨地区合作，大气综合防治

20 世纪 60 年代，欧洲科学家发现空气污染存在跨界问题，于是积极推动国际合作，成立区域合作机制。1977 年，欧共体成立了"欧洲大气污染物远距离传输监测和评价合作方案"，为欧共体提供了基础性的科学研究计划。1979 年，联合国组织 34 个国家和欧共体签署了《远距离越界空气污染公约》（Convention on Long-Range Transboundary Air Pollution，CLRTAP），该公约是欧共体第一个具有法律意义的合作公约，包含了大气越界污染治理的一般性原则及将科学技术与政策结合的一套政策体系。在 70 年代，《远距离越界空气污染公约》是以污染物总量减排为目标，此后，在《远距离越界空气污染公约》基础上，欧共体（欧盟）成员国又以某具体的污染物（臭氧、硫化物、NO_x、VOCs）等先后签订了《关于减少硫排放量或其越界通量的赫尔辛基议定书》《关于控制氮氧化物的索菲亚议定书》《关于控制挥发性有机化合物及其越界流动的议定书》（也称《日内瓦议定书》）等八项协议。2001 年 3 月，欧盟还推行了"欧洲洁净空气计划"，通过区域大气污染信息和模拟模型对 2000~2020 年的污染物的排放趋势进行了模拟，以此来制定长期战略，进一步深化了区域合作。同年欧盟还制定了"国家排放上限指令"，用以控制氨、VOCs、SO_2、NO_x 的总量排放，以减少土壤酸化、臭氧前体物的排放。

二、大力推行环保税政策

在对 $PM_{2.5}$ 和臭氧的综合治理过程中，欧盟的政策特色之一是通过大力推行环保税和污染物排放交易等经济手段来遏制 $PM_{2.5}$ 和臭氧的前体物排放。初期，欧盟根据 OECD 提出的"谁污染谁付费"原则开始对消费者进行征税。可分为两类：①对自然资源的开发和利用征税。例如，1957 年瑞典的能源税，1972 年英国的碳税，以及德国的硫税等。②根据企业的排污量进行收费。例如，1976 年德国的《污水收费法》。20 世纪 80 年代至 90 年代初期，欧盟环境保护税进入了一个快速发展阶段。这段时期，各国对污染物差别征税、多重计税的同时，兼顾经济政策，以此来缓解环境保护税对经济的冲击。例如，1990 年，瑞典、丹麦等国将环境保护税的相关工作融入国家发展计划，从而兼顾经济和环境双重影响。20世纪末以来，欧盟的环境保护税政策是以可持续、绿色为发展目标。例如，英国的垃圾填埋税、比利时的生态税等。

三、源头控制

欧盟主要污染源集中在交通行业、商业住宅和工业，以及农业。各国改善空气质量的措施也主要是围绕 NO_x 和颗粒物，主要分为以下几种源头措施。

（1）交通行业。推广使用更加清洁的生物燃料。政府重新规划城市用地，保证最短距离运输；并大力建设公共交通，鼓励公众使用公共交通出行或者步行或者骑自行车。对于重型机车，欧盟颁布了一系列的尾气排放指令，以及在高速公路上限制驾驶速度来减少燃料消耗和运输排放。各国还通过经济激励、减免税收的方式在消费者中推广新能源汽车，以此来减少 CO_2、颗粒物、NO_x 的排放。

（2）商业住宅和工业。在商业和住宅区域推广清洁能源。在工业领域，将工业设施改装为污染预防设备是实现污染物低排放的主要措施之一。为此，欧盟还颁布了《关于限制中等燃烧工厂向空气中排放某些污染物的指令》《关于控制主要固定污染源持久性有机污染物排放的最佳可行技术》《控制技术指导》等指令措施。

（3）农业。农业是欧盟氨排放的主要来源。《联合国欧洲经济委员会减少氨排放农业规范》《国家氨预算计划》等文件中规定了农业肥料及牲畜的粪便的处理。

经过一系列的整治，欧盟成员国成功实现了减排。根据《2018 年欧洲空气质量报告》，2000~2016 年，欧盟 SO_2 的排放量下降了 76%，$PM_{2.5}$ 下降了将近 40%，NO_x 下降了 35%。欧盟成功治理的经验在于：①建立了跨界大气污染合作体系，通过划定不同的空气质量区，成立了区域联防联控机制，有效地治理了污染跨界问题。②环境保护税的广泛使用。各成员国在本国内实施了不同程度、不同类型的环境保护税，在治理环境的同时又减少了对经济的阻碍。③源头治理。欧洲环境署根据各国的污染监测数据确定了重点污染源，分别进行综合治理。

第五章 大气污染协同控制措施梳理

在严格的环境标准和一系列的治理措施下，欧美的污染物治理取得了显著成效。根据美国环境保护署的监测数据，1990~2018 年，美国主要的 6 种污染物（SO_2，NO_x，CO，Pb，VOCs 和颗粒物）总排放量下降了 67%，其中 $PM_{2.5}$ 下降了 30%，VOCs 下降了 42%，NO_x 下降了 59%。从污染物的平均浓度下降趋势来看，1990~2018 年，美国臭氧 8 小时平均浓度下降了 21%；2000~2018 年，$PM_{2.5}$ 的 24 小时平均浓度 2000 年下降了 34%，年平均浓度下降了 39%。根据《2018 年欧洲空气质量报告》，2000~2016 年，欧盟 SO_2 的排放量下降了 76%，$PM_{2.5}$ 下降了将近 40%，NO_x 下降了 35%。但是臭氧的形势仍然十分严峻，根据欧洲空气污染物远程传播监控与检测合作计划（European Monitoring and Evaluation Programme，EMEP）的监测，欧盟的臭氧顶峰浓度从 1999 年的 171 微克/米^3 下降至 2012 年的 139 微克/米^3，下降了将近 18.71%。本章针对大气污染协同控制措施进行梳理。

第一节 发达国家大气污染协同控制政策演变

为了解决空气污染问题，发达国家都相继设立了空气污染标准并依据标准划分了不同的空气质量区，开展区域差异化综合治理。通过系统梳理发达国家 $PM_{2.5}$ 和臭氧防治政策历程，如图 5-1 和图 5-2 所示，发现呈现以下几个演变规律。

一、由短期政策向长期规划演变

发达国家早期政策的第一个特点是及时性、短暂性。例如，替换燃煤锅炉、对违法排污行为处以罚款等短期行为，这些措施对短期内污染治理起到一定效果。随着后期多项国家政策的实施，发达国家开始全面综合考虑，通过制定污染控制区的减排计划来帮助地区减排达标。美国在 1970 年《清洁空气法》修订案中要求各州

1955年 美国制定了联邦层面的《1955年空气污染技术援助计划》 1963年 美国联邦出台了全国范围法律——《清洁空气法》	1976年 美国加利福尼亚州政府成立南海岸空气质量管理局（South Coast Air Quality Management District，SCAQMD），这是美国第一次区域联防联控的尝试	1995年 《国家酸雨计划》第一阶段开始施行，主要用于治理电厂的SO_2和NO_x排放，减少生成的一次和二次$PM_{2.5}$	1999年 《区域霾条例》强调在区域范围开展颗粒物污染控制，鼓励各州之间开展合作，采取措施共同减少$PM_{2.5}$和其他降低能见度的污染物的排放	2005年 USEPA发布了《清洁空气州际法规》，综合治理控制区的$PM_{2.5}$、臭氧问题	2018年 USEPA开始实施区域雾霾计划的第二阶段，为各州落实第二阶段提供了技术方面的推荐方法：①可见性跟踪指标；②估计人为因素影响下滑调整
1952年 俄勒冈州颁布第一部综合性的《空气污染控制法》，治理污染	1970年 美国联邦政府要求各州每5年提交SIP计划	1990年 《清洁空气法（修正案）》引入市场机制和区域联防联控机制，是区域臭氧和$PM_{2.5}$污染协同控制策略实行的开始	1997年 USEPA制定了OTCNO_x预算计划，主要用于减少美国东部电厂的NO_x的排放，达到臭氧和$PM_{2.5}$标准	2004年 《区域雾霾计划》修订了BART[1]，制定《清洁空气能见度条例》要求实施最佳可用改造技术BART，控制工业设施$PM_{2.5}$和$PM_{2.5}$前体物排放	2015年 USEPA预布《跨州空气污染法规》代替《清洁空气州际法规》的第二阶段，主要是通过扩大区域进行电厂减排，争取早日达到合格目标

图 5-1 美国 $PM_{2.5}$ 和臭氧的防治政策历程

1）BART：Best Available Retrofit Technology，"最佳可行改造技术"

1970年 汽车尾气排放指令70/220/EEC，自发布以来已修正若干次，并成为之后欧盟在此领域所有排放标准和减少排放步骤的参照基准	1973年 制定了为期4年的《欧共体第一个环境行动规划》	1979年 欧共体制定了《远距离越界空气污染公约》，是欧盟首个区域合作机制	1991年 签订《关于控制挥发性有机化合物的散逸及其越界流动的议定书》	1999年 签订了《减少酸化、富营养化和地面臭氧议定书》，这是一个多污染物/多效应议定书，于2005年生效	2012年 《减少酸化、富营养化和地面臭氧议定书》进行修改，该议定书是将细颗粒物纳入减排承诺的第一份具有约束力的协议，确定了各国到2020年的排放量限值
1954年、1956年英国先后颁布了《伦敦市1954年法令》《大气净化法》，试图通过限制燃料的使用范围和工厂排烟基准来治理伦敦地区的大气污染。这也拉开了欧洲大气污染治理的序幕	1972年 柴油机车排放标准指令73/206	1977年 制订了为期4年的《欧共体第二个环境行动规划》	1985年 成员国签订《关于减少硫排放量或其越界通量的赫尔辛基议定书》，签订《关于控制氮氧化物的索菲亚议定书》	1994年 签订《进一步减少硫排放的奥斯陆议定书》，这是第一个污染物综合管理的议定书	2001年 制定了"国家排放上限指令"（NECs-2001/81/EC）；长达15年的"欧洲洁净空气计划"	2016年 发布的"特定大气污染物国家减排指令"规定了主要污染物的减排任务

图 5-2 欧盟 $PM_{2.5}$ 和臭氧的防治政策历程

每5年提交的SIP计划及欧共体制定的《欧共体第一个环境行动规划》是各国或地区由短期政策向长期规划转变的标志。通过制定减排计划、环境行动计划及环境保护政策等，要求各国推行减排和环境保护，实现污染物综合治理。因为治理效果显著，各国又陆续颁布了一些长期计划以实现更加严格的标准。例如，欧盟在2001年推出了长达15年的"欧洲洁净空气计划"，制定了2000~2020年各国的减排目标；美国在1999年制定的、目前仍在施行的《区域霾条例》等。

二、由地方政策向区域政策演变

发达国家早期治理政策的第二个特点在于"地方治理"，即由污染区的地方政府颁布治理法令，虽然取得了一定的效果，但无法解决区域污染的问题。污染的跨区域污染研究表明单靠地方治理是不太现实的。这一系列促使各国统筹治理污染。同时，民众环保运动越来越激烈，促使各国从国家角度统筹治理大气污染。于是，美国联邦政府在 1963 年出台了第一部国家层面的《清洁空气法》，随后在1970 年成立了美国环境保护署来综合治理全国的环境污染。欧共体在 1973 年出台了《欧共体第一个环境行动规划》来统筹治理成员国的污染。虽然取得了一定的成效，但是大气在区域传输的特点明显，这促使各国纷纷转向"区域政策"的治理思路。1979 年欧共体成员国签署的《远距离越界空气污染公约》及 1990 年美国的《清洁空气法（修正案）》，标志着区域间联防联控机制的建立。随着成效显著，各国纷纷将该措施与其他措施结合应用，共同减排。例如，美国将"区域治理"政策与经济手段结合，颁布了《清洁空气州际法规》用于治理地区间 NO_x、SO_2 的排放。

三、由单一污染物治理向复合污染物治理政策演变

发达国家早期治理的第三个特点即针对单一污染物出台相应的政策。例如，针对光化学污染，各国重点治理机动车行业，减少 VOCs 排放；欧盟成员国签订的《关于减少硫排放量及其越界通量的赫尔辛基议定书》《关于控制氮氧化物的索菲亚议定书》等。随着科学研究的进步，欧美国家发现臭氧、$PM_{2.5}$ 的前体物均为VOCs、NO_x 及 SO_2 等。于是，各国开始转向复合污染物协同治理，共同减少 $PM_{2.5}$ 及臭氧。欧盟在 1994 年签订的《进一步减少硫排放的奥斯陆议定书》中将工业生产的六氯环己烷等列为限用物质；1995 年，美国的《国家酸雨计划》第一阶段要求控制污染州的 NO_x，有效控制 $PM_{2.5}$ 和臭氧的前体物。此后，欧美发达国家着力控制 $PM_{2.5}$ 和臭氧的协同排放情况。

第二节　发达国家大气污染协同控制措施演变

一、发达国家空气质量标准持续提高

环境空气质量标准是各国环境空气质量管理的核心目标，同时也是各国进行

环境治理的基础。西方国家针对污染物项目、测量依据及标准限制进行了多次修订，PM$_{2.5}$和臭氧排放控制标准不断提高。PM$_{2.5}$是各国主要控制的污染物项目，美国和欧盟针对PM$_{2.5}$排放标准限值的修订历程如表5-1所示。

表5-1　美国和欧盟针对PM$_{2.5}$排放标准限值的修订历程

地区	年份	修订内容	数据来源
美国	1997	实施PM$_{2.5}$标准，设定日均浓度上限为65微克/米^3，年平均浓度上限为15微克/米^3	美国环境保护署
	2006	美国环境保护署将日均浓度上限修订为35微克/米^3，年平均浓度上限保持在15微克/米^{3}未变	
	2012	将年平均浓度的初级标准提高至12微克/米^3，年平均浓度的次级标准在15微克/米^{3}未变	
欧盟	1999	1999/30/EC指令开始实施PM$_{2.5}$的年平均浓度为25微克/米^3	欧洲环境署
	2008~2015	2008/50/EC指令规定2008~2015年为第一阶段，并设定该阶段的PM$_{2.5}$的目标浓度限值为25微克/米^3	
	2016~2020	2008/50/EC指令划定2016~2020年为第二阶段，规定该阶段的目标浓度限值为20微克/米^3	

　　美国1997年开始设立PM$_{2.5}$标准，共修订了两次，其中2006年只修订了日均浓度上限，2012年修订了年平均浓度的初级标准；欧盟对PM$_{2.5}$标准限值的规定有两个指令：1999/30/EC和2008/50/EC，其中1999/30/EC指令开始设立PM$_{2.5}$的标准，2008/50/EC指令中则对PM$_{2.5}$的合规年限及标准限额进行规定，将欧盟PM$_{2.5}$合规年限分成了两个阶段：第一阶段即2008~2015年，这个阶段的目标限制为25微克/米^3，第二阶段是2016~2020年，这个阶段的目标限制为20微克/米^3。由表5-1可见，发达国家几乎都提高了PM$_{2.5}$的质量标准限值，美国的日均浓度上限从65微克/米^{3}修订为35微克/米^3，加严了约46%；年平均浓度标准从年均上限15微克/米^{3}修订成初级标准12微克/米^3，加严了20%；年平均浓度的次级标准维持在15微克/米^{3}未变。欧盟的年平均浓度从25微克/米^{3}收严至20微克/米^3，提高了20%。

　　臭氧是欧美近年来关注的另外一个重要的污染物，美国和欧盟对臭氧的历次修订见表5-2。美国1971年开始设立臭氧标准，共经历了1979年、1990年、2008年、2015年四次修订；欧盟对臭氧标准限值的环境指令主要是2002/3/EC和2008/50/EC。从标准限值的大小来看，美国和欧盟在历次修订中逐步提高了臭氧的标准限值，美国从1971年1小时平均浓度171微克/米^{3}先放宽至257微克/米^3，再由1990年的8小时平均浓度171微克/米^{3}提高至2015年的8小时平均浓度150微克/米^3，总体趋势是越来越严格；由于2010年是欧盟臭氧基准年，所以臭氧标准维持在120微克/米^{3}未变。从平均时间上看，美国在1990年开始采用8小时平均浓度，并逐渐废除

1 小时平均浓度。这主要因为在 1990 年美国一些研究发现，在很多浓度低于 1 小时平均浓度限值的地区，暴露臭氧 6~8 小时仍然存在相关的健康效应。进一步的研究分析发现，控制 1 小时和 8 小时平均浓度限值都可以降低健康风险，但与 1 小时暴露相比，较低臭氧浓度水平下，8 小时暴露引起的健康效应相关性更为显著。

表 5-2　美国和欧盟的臭氧标准限值的演变

地区	年份	修订内容	数据来源
美国	1971	1971 年《清洁空气法》修订案开始实施"光化学氧化剂"1 小时平均浓度 171 微克/米³	美国环境保护署
	1979	1979 年《清洁空气法（修正案）》将污染物"光化学氧化剂"更名为臭氧，并将 1 小时平均浓度的标准限值放宽至 257 微克/米³	
	1990	美国环境保护署设定臭氧 8 小时平均浓度为 171 微克/米³，同时保留 1 小时平均浓度，达到 1 小时浓度的地区实施 8 小时平均浓度，否则继续实施 1 小时平均浓度	
	2008	美国环境保护署废除了 1 小时平均浓度，并将 8 小时平均浓度标准提高至 161 微克/米³	
	2015	为了提升环境质量，美国环境保护署提高 8 小时平均浓度至 150 微克/米³	
欧盟	2002	2002/3/EC 指令首设臭氧 8 小时平均浓度为 120 微克/米³	欧洲环境署
	2008	2008/50/EC 指令规定了臭氧的使用年限，由于 2010 年是欧盟臭氧数据的基准年，故该法令并未设定欧盟的长期臭氧目标时间，维持在 120 微克/米³ 未变	

二、治理方式由地方治理向联防联控演变

欧美发达国家早期对臭氧和 $PM_{2.5}$ 的治理方式是以"地方政府"单独治理为中心，即"属地管理"治理思路——只对辖区内的环境污染进行治理。但是相关政策的实施效果不佳，以及大气污染的传输性特点都表明"属地管理"治理思路已经不适用各国的污染物治理，需要各国政府转换思路进行区域合作治理。于是，欧美发达国家相继成立了相关的区域联防联控制度来实现污染物治理，见表 5-3。

表 5-3　地方政策向区域政策的转变

阶段	美国	欧盟（欧共体）
"地方治理"为中心时期	1952 年的俄勒冈州颁布《空气污染控制法》；美国环境保护署规定各州必须制定州实施计划（SIP）来治理各州的空气污染；1963 年，《清洁空气法》；1970 年，《清洁空气法》成为美国环境保护署综合治理各州的依据	1954 年《伦敦市 1954 年法令》；1956 年《大气净化法》；1973~1977 年，出台了一系列环境计划，针对重点行业进行减排
转变时期	1976 年，美国加利福尼亚州政府成立南海岸空气质量管理局	1973 年出台的《关于 1973 年国际防止船舶造成污染公约的 1978 年议定书》（即 MARPOL73/78）1977 年，执行 EMEP 测量成员国跨界污染物

续表

阶段	美国	欧盟（欧共体）
区域联防联控	1990 年成立臭氧传输协会（Ozone Transport Commission, OTC）；1999 年的《区域霾条例》	1979 年，《远距离越界空气污染公约》；2001 年，"欧洲洁净空气计划"

在"属地管理"阶段，欧美各国的城市率先制定了地方层面的立法来减轻污染，随着国家级环保机构（美国环境保护署及欧洲环境署）的产生，又出台了全国适用性法律。例如，1952 年，俄勒冈州颁布了第一部综合性的《空气污染控制法》，建立了州政府污染控制机构；1954 年、1956 年英国先后颁布了《伦敦市 1954 年法令》《大气净化法》，试图通过限制燃料的使用范围和工厂排烟基准来治理伦敦地区的大气污染。民众运动越来越激烈，促使欧美国家出台国家层面的环境法规及成立环保机构。例如，1963 年，美国出台了《清洁空气法》用于治理各州的光化学污染问题。1970 年，美国联邦政府设立了美国环境保护署来综合治理环境污染问题。1973~1977 年，欧共体陆续出台了环境行动规划来治理欧共体成员国的环境问题。但是由于空气具有明显的传输性，美国地方政府/欧共体成员国为了自身经济发展不积极控制空气污染，造成政府与地方目标不一致，使得以"属地管理"为核心的政策在欧美各国收到的效果甚微。同时大量的科学研究也表明臭氧、$PM_{2.5}$ 具有明显的传输性，需要区域间合作才能彻底地实现污染治理。1977 年大气环境科学家 George Wolf 等的研究表明，美国中西部城市的污染传输导致了东北部州的臭氧严重超标。因此，欧美开始重新审视政策，实现了从属地管理到区域联防联控的转变。

为此，欧盟与美国都进行了区域联防联控的尝试。1973 年，国际海事组织海上环境保护委员会通过了《关于 1973 年国际防止船舶造成污染公约的 1978 年议定书》（即 MARPOL73/78），有效阻止了区域间臭氧消耗物质的排放及传播。1977 年 10 月，联合国欧洲经济委员会启动了 EMEP 来监测欧共体跨越边界的污染物远程传输数量。1976 年美国加利福尼亚州政府成立了南海岸空气质量管理局，加强了区域之间空气治理的合作关系，使得洛杉矶周边城市的大气环境得到了极大的改善。此后，欧美开始正式开展区域联防联控制度。1979 年，欧共体各成员国缔结了有关防治酸雨跨境污染的《远距离越界空气污染公约》，逐步建立起了较为完善的区域大气污染联防联控机制和治理制度。该公约后期，各缔约国就某些具体污染物（如硫、NO_x、VOCs、持久性有机污染物和重金属等）的减排目标或措施陆续签订了八项议定书，丰富并具体化了欧洲大气污染联防联控治理的内容。美国在 1990 年《清洁空气法（修正案）》彻底实现这一思路的转换。1990 年《清洁空气法（修正案）》授权在臭氧传输区域（ozone transport region, OTR）成立了臭氧传输协会。此前，长期不能达标的东北各州的空气污染管理者已经尝试由下至上建立协商机制，但仍是建立在本州利益基础上，不能达成区域性最优策略。臭氧传输协会的建立从根本上改变了这一局面，形成了以州为主导，联邦政府和各州共同议事与协调的区域性合作机制。1999 年为了提高国家公园和荒野地区的能见度，美国环境保护署继而颁布了《区域霾条例》，即清洁空气能见度法规，强调在区域范围开展颗粒物污染控制，鼓励各州之间开展合作。2001 年 3 月，欧盟推行了"欧洲洁净空气计划"，旨在欧盟成员国建立一套防治大气污染的一体化战略，推进区域大气污染控制。

三、治理手段由行政命令向市场经济手段转变

20 世纪中后期，欧美各国通过源解析等研究认识到臭氧和 $PM_{2.5}$ 浓度过高是由 NO_x 和 VOCs 等前体物过度排放造成的。因而早期发达国家的治理措施都是借助行政命令型工具，发布了一系列行政命令及文件，强制要求各州执行。但是由于治理成本过高，造成各国的经济受到一定的影响，于是欧美各国采纳了经济学家的建议逐渐在治理措施中融入市场因素，提出了许多经济措施来帮助实现污染物达标，如表 5-4 所示。

表 5-4　行政政策向经济政策的转变

阶段	美国	欧盟（欧共体）
行政命令阶段	美国的《机动车空气污染管理法》对汽车引擎的合规性规定； 1965 年《清洁空气法案》中对机动车排放标准的设定； "洁净煤技术示范计划"、《能源税法》《能源政策与储备法》《能源政策法案》《VOCs 控制推荐政策》	欧共体的汽车尾气排放指令 70/220/EEC；英国的公共出行政策；德国对机动车燃料的改造，以及对新能源的提倡
过渡阶段		1983 年在《欧共体第三个环境行动规划》和 1987 年的《单一欧洲法》中开始引入经济手段，提出"污染者付费"和完善"单一市场"的具体措施
市场经济阶段	1990 年《清洁空气法（修正案）》引入"酸雨计划"； 1993 年，在南海岸空气质量管理局实施世界上第一个区域空气污染排放交易计划； 1998 年"空气污染物减排计划"（后被称为 NO_x 预算计划）； 2005 年用《清洁空气州际法规》代替了"空气污染物减排计划"； 2015 年颁布了《跨州空气污染法规》代替《清洁空气州际法规》	欧共体各成员国先后实施环境保护税制度：能源税、环境协议、产品税等；2005 年 1 月，正式运行欧盟碳排放交易体系

臭氧和 $PM_{2.5}$ 的前体物（VOCs、NO_x、SO_2）的主要排放源可以分为固定源、移动源。早期欧美对于移动源的治理政策集中于机动车尾气排放标准的设定及燃

料改造。例如，美国的《机动车空气污染管理法》对汽车引擎的合规性规定、1965年《清洁空气法案》中对机动车排放标准的设定、欧共体的汽车尾气排放指令70/220/EEC、英国的公共出行政策、德国对机动车燃料的改造等。对于固定源的治理侧重调整能源结构及提升减少 VOCs 排放的工业技术。例如，美国的"洁净煤技术示范计划"、《能源税法》《能源政策与储备法》《能源政策法案》《VOCs 控制推荐政策》，英国的《清洁空气法》、德国政府对新能源的提倡等。这些治理措施在美国洛杉矶城市群，英国、德国等欧洲国家取得了一定的效果。但是由于欧美各国未考虑效益成本问题，传统的直接管制也不断暴露出管理费用昂贵、执行困难、不利于环境损害的减少等诸多问题。因此，美联邦政府、欧共体认识到对待环境问题不能仅仅依靠强硬措施，应该融入经济因素，让"市场去解决市场问题"。

于是自 20 世纪 80 年代开始，美国联邦政府及欧共体在颁布相关法规前开始进行效益成本评估，以保障法规实施取得有利的社会效益。欧共体在 1983 年的《欧共体第三个环境行动规划》和 1987 年的《单一欧洲法》中开始引入经济手段，提出"污染者付费"和完善"单一市场"的具体措施。美国 1990 年《清洁空气法（修正案）》开始将市场机制引入了污染治理，提出了国家"酸雨计划"。此后，1993年，美国环境保护署又在南海岸空气质量管理局批准了企业买卖配额的区域空气污染交易计划。但欧共体国家认为环境保护税与美国创议的排污交易制度相比更具有可行性，因此欧共体成员国都不同程度地实施了环境协议及环境保护税，如产品税、能源税。1995~1998 年，由于美国电力市场的开放造成臭氧传输协会所协调的区域电厂在市场中没有竞争优势。为了解决这一问题，美国环境保护署在1998 年发布了"空气污染物减排计划"代替了"酸雨计划"，借助市场机制推行排污交易。为了实现更高的目标，美国环境保护署 2005 年又继续发布了《清洁空气州际法规》代替了"空气污染物减排计划"；2015 年美国环境保护署用《跨州空气污染法规》代替《清洁空气州际法规》，实施更为严格的排放配额。

四、保障措施不断完善

科学研究和技术发展为欧美的环保政策制定提供了有力依据。随着发达国家对臭氧、$PM_{2.5}$ 的治理的深入，各国科学研究水平也在不断提升。从最开始针对烟雾型空气污染再到光化学污染，欧美成立了相关小组开展污染机理与控制对策研究。经过相关的科学研究，欧美认为 NO_x 也是臭氧和 $PM_{2.5}$ 的成因之一。于是提出了一些相关的控制技术，见表 5-5，包括工业技术相关标准、VOCs 相关技术指令，为大型燃煤电厂的脱硫、脱硝、除尘除汞技术等提供了经济和技术可行性的支撑。

表 5-5　发达国家的工业技术

相关技术标准	美国	欧盟
工业技术相关标准	最佳可行控制技术、可实现的最低排放速率、最佳现有实用控制技术等技术	综合污染预防与控制指令、工业排放指令
VOCs 相关技术指令	重点行业 VOCs 控制技术指南、可用控制技术	涂料指令

欧美在治理大气污染的问题上意识到公众是大气变化的直接感受者,大气污染执法监管不能仅仅依靠环境行政部门或其他相关部门,还必须接受公众监督。于是,各国都积极建立公众参与制度。首先,对于各级环保组织,欧美政府采取支持、援助或资助的方式促进其发展,以更好地参与环境问题的研究。其次,对于企业,欧美通过加强与企业之间的合作对话,听取他们的意见和建议,在制定具体措施时兼顾全社会众多企业的利益,鼓励发展清洁能源和清洁生产的企业,企业的改良发展成为治理大气污染的有效推手。最后,欧美积极宣传环保的重要性,动员每个人积极投入臭氧和 $PM_{2.5}$ 的减排中。美国建立了公民诉讼新制度,允许公民针对违法违规排放及环保机构不称职行为进行法律诉讼,维护自身利益。欧盟通过环境宣传教育活动,告知民众污染的危害性。此外,欧美还积极完善了大气污染信息公开制度。美国通过大众媒体向公众发布大气环境信息。欧盟每年在欧洲环境署官方网站上发布环境质量报告,定期公布哪些区域的空气质量超出了国家标准或前一年度哪些时间超出了标准,一方面,能有效告知民众,提醒民众大气污染对健康的危害;另一方面,也可以增强公民的环保意识,普及提高空气质量的方法,保障公民参与监管的途径。

第六章　中国大气污染控制措施梳理

我国大气污染防治日益复杂，雾霾污染尚未有效解决，臭氧污染也在日益加剧。《中国生态环境状况公报》显示，2019 年京津冀及周边地区以 $PM_{2.5}$ 和臭氧为首要污染物的超标天数分别占总超标天数的 48.0% 和 46.6%。$PM_{2.5}$ 和臭氧污染的协同控制成为我国大气污染治理的关键。本章对我国大气污染控制措施进行梳理，归纳我国大气污染控制政策的演进特征。

第一节　中国大气污染控制措施评述

基于 2009 年到 2019 年十年间国家层面及重点区域层面出台的近 200 份大气污染控制相关文件涉及的治理措施，对每项措施按照措施分类、具体措施、措施来源、发文单位、发文对象、发文时间、发文依据、控制地区、控制污染物、措施细则等属性进行梳理，归纳整理出调整产业结构、调整能源结构、固定源 VOCs 防治、移动源 VOCs 防治、面源 VOCs 防治、重污染天气应急应对、管理措施、监管措施、保障措施共九大类措施。通过对全国性政策文件及三个重点区域政策文件相关措施的系统梳理，可以发现我国目前的大气污染防治措施主要有以下三个特点。

一、治理措施以行政命令型为主，市场化手段运用不够

在大气污染防治手段上，我国早期出台的法律法规条目较少，只提供了原则性的指示，之后环境保护部及各省市环境保护厅出台的相关实施细则和办法明确了治理的要求和目标，对大气污染防治工作做出阶段性规划，对开展大气污染防治工作更具指导意义，如图 6-1 所示。但是我国的大气污染防治政策其中一个特点是以强制类措施为主，经济类措施为辅，强制性较强。

	2010年	2012年	2013年	2015年	2018年
强制类措施	《关于推进大气污染联防联控工作改善区域空气质量的指导意见》禁止原煤散烧禁止露天焚烧秸秆禁止新建效率低、污染重的燃煤小锅炉禁止不符合国家机动车排放标准车辆的生产、销售和注册登记	《重点区域大气污染防治"十二五"规划》城市建成区、工业园区禁止新建20蒸吨/小时以下的燃煤、重油、渣油锅炉及直接燃用生物质锅炉新建项目必须配套建设先进的污染治理设施建筑内外墙涂饰应全部使用水性涂料新建包装印刷项目须使用具有环境标志的油墨	《大气污染防治行动计划》研究缩短公交车、出租车强制报废年限不断提高低速汽车（三轮汽车、低速货车）节能环保要求严禁核准产能严重过剩行业新增产能项目	《京津冀及周边地区工业资源综合利用产业协同发展行动计划（2015-2017年）》分批推动再生资源加工利用企业向周边转移	《打赢蓝天保卫战三年行动计划》明确禁止和限制发展的行业、生产工艺和产业目录新、改、扩建涉及大宗物料运输的建设项目，原则上不得采用公路运输采暖季实行"压非保民"
经济类措施	《关于推进大气污染联防联控工作改善区域空气质量的指导意见》继续实施高耗能、高污染行业差别电价政策完善区域生态补偿政策加大资金投入	《重点区域大气污染防治"十二五"规划》全面实行供热计量收费完善财税补贴激励政策推行政府绿色采购深入推进价格与金融贸易政策研究征收挥发性有机物排污费	《大气污染防治行动计划》大力发展循环经济鼓励外商投资节能环保产业完善绿色信贷和绿色证券政策，将企业环境信息纳入征信系统深化节能环保投融资体制改革	《京津冀及周边地区工业资源综合利用产业协同发展行动计划（2015-2017年）》研究制定有利于园区承接再生资源项目转移相关基础设施建设、投资、税收等政策	《打赢蓝天保卫战三年行动计划》支持依法合规开展大气污染治理领域的政府和社会资本合作项目建设支持符合条件的金融机构、企业发行债券，募集资金用于大气污染治理和节能改造研究将致密气纳入中央财政开采利用补贴范围

图 6-1　强制类措施与经济类措施演进

在《打赢蓝天保卫战三年行动计划》等国家层面的政策文件及《长三角地区2018-2019年秋冬季大气污染综合治理攻坚行动方案》等区域层面的政策文件中，强制类措施占有很大比重，如实施企业错峰生产和停产治理、淘汰不达标工业炉窑、强化用车排放控制、开展新车环保达标检查、禁止露天焚烧等。在经济类措施方面，现行的比较重要的措施有实行差别定价制度、税收及补贴政策、加大财政投入等。强制类措施在一定程度上能以最快的速度减少污染物排放，还人民蓝天白云，但是采取关停企业、错峰生产等强制类措施会使相关区域的经济受到影响，不是长久之计。大气污染防治更应该重视市场化手段的运用，在保证经济快速发展的前提下创建生态文明。治理大气污染的手段以行政命令型为主，市场化手段为辅是我国大气污染防治工作的特点。

二、治理手段以末端治理为主，逐渐向源头治理过渡

末端治理是指在生产过程的末端，针对产生的污染物开发并实施有效的治理技术。目前我国主要采用提高污染物排放标准及工业污染物产生后实施的化学、物理或生物方法等末端治理措施去解决 $PM_{2.5}$ 和臭氧的污染问题。虽然在一定程度上，末端治理可以缓解大气污染，但是随着时间的推移末端治理的局限性也日益显露，

一方面，因为在处理设备上投入大量资金，降低了经济效益；另一方面，末端治理往往只是污染物的转移，并没有从源头上根治，所以会出现反复污染等问题。

通过对政策演变历程的梳理（图 6-2）可以发现，在早期，我国主要通过提高污染物排放标准、强化废水废气处理、推进治污设施升级改造、油气回收处理等末端治理措施控制大气污染。2013 年，《关于进一步做好重污染天气条件下空气质量监测预警工作的通知》正式发布，提出采取限制或停止重点污染源排放等措施，标志着大气污染防治开始从末端治理向源头治理转变。之后的政策文件中明确大气污染的三大源头是工业源、移动源和面源。针对工业源污染，提出调整产业结构、推广使用低（无）VOCs 原料和产品、增加电和天然气等清洁能源的使用、关停重污染企业等措施；针对移动源污染，提出推广新能源汽车、综合整治道路非移动机械、推动使用岸电等措施；针对面源污染，提出减少烟花爆竹燃放、禁止焚烧垃圾、控制农业源氨排放等措施。总体来看，我国大气污染防治末端治理和源头治理同时进行，以源头治理为主的格局正在形成。

	2010年	2012年	2013年	2015年	2018年
末端治理措施	《关于推进大气污染联防联控工作改善区域空气质量的指导意见》提高机动车排放水平加快车用燃油清洁化进程提高环境准入门槛	《重点区域大气污染防治"十二五"规划》实行污染物排放减量替代全面开展加油站、储油库和油罐车油气回收治理石化企业应全面推行泄漏检测与修复技术全面推行排污许可证制度	《大气污染防治行动计划》强化节能环保指标约束形成有利于大气污染物扩散的城市和区域空间格局	《京津冀及周边地区工业资源综合利用产业协同发展行动计划（2015-2017年）》多元化综合利用尾矿、冶金烟尘等固体废物推进再生资源回收利用协同发展	《打赢蓝天保卫战三年行动计划》修订完善高耗能、高污染和资源型行业准入条件实施重点区域降尘考核重点区域实施秋冬季重点行业错峰生产加强移动源排放监管能力建设
源头治理措施	《关于推进大气污染联防联控工作改善区域空气质量的指导意见》大力推广清洁能源	《重点区域大气污染防治"十二五"规划》加大落后产能淘汰力度推动生物质成型燃料、液体燃料、发电、气化等多种形式的生物质能梯级综合利用实施煤炭消费总量控制扩大高污染燃料禁燃区加速黄标车淘汰开展非道路移动源污染防治加强城市扬尘污染综合管理积极推行城市道路机械化清扫推进餐饮业油烟污染治理	《大气污染防治行动计划》加快推进集中供热、"煤改气""煤改电"工程建设加强灰霾、臭氧的形成机理、来源解析、迁移规律和监测预警等研究积极发展绿色建筑	《京津冀及周边地区工业资源综合利用产业协同发展行动计划（2015-2017年）》协同利用尾矿和废石代替天然砂石	《打赢蓝天保卫战三年行动计划》优化调整货物运输结构加快车船结构升级推动靠港船舶和飞机使用岸电推进露天矿山综合整治控制农业源氨排放

图 6-2　末端治理措施和源头治理措施演进

三、治理对象以 PM$_{2.5}$ 为主，臭氧减排措施相对不足

2011 年，我国包括北京和上海在内的多个地区持续出现大雾天气，对当地居民的生活造成严重影响，PM$_{2.5}$ 正式走入公众视野。之后，国家和重点区域相继出台 PM$_{2.5}$ 防治措施，2011 年 11 月 1 日，环境保护部发布的《环境空气 PM$_{10}$ 和 PM$_{2.5}$ 的测定重量法》开始实施，首次对 PM$_{2.5}$ 的测定进行了规范。PM$_{2.5}$ 成分复杂，自然现象和人为活动都会产生 PM$_{2.5}$，但是人为源的危害更大。人为源包括固定源和移动源。固定源是指在工业和生活过程中对化石燃料（煤、石油等）和垃圾的燃烧，针对固定源制定的措施有排查清理"散乱污"企业、开展城市工业烟囱综合整治行动、严格防止散煤复烧等；移动源主要是指各类交通工具在运行过程中向大气中排放的尾气，针对移动源制定的防治措施有推广新能源和清洁能源汽车、开展新车环保达标检查、大幅提升铁路货运比例等。

与 PM$_{2.5}$ 相比，臭氧污染在 2015 年才被重视，公众对臭氧和臭氧污染的了解也很有限。根据百度指数搜索热度，2011 年到 2019 年，PM$_{2.5}$ 的搜索指数都远高于臭氧。2013 年的《大气污染防治行动计划》、2018 年的《打赢蓝天保卫战三年行动计划》都明确提出在降低空气中 PM$_{2.5}$ 浓度的同时，降低臭氧浓度。三大重点区域中，珠三角的臭氧污染最为严重，2012 年 3 月 27 日，在珠三角区域空气质量监测网中，17 个站点几乎有 70% AQI（air quality index，空气质量指数）超标，达到轻度污染，首要污染物几乎全为臭氧。2017 年 8 月，广东省环境保护厅为贯彻落实《广东省大气污染防治强化措施及分工方案》"开展珠三角区域秋季臭氧削峰专项行动"的要求，发布《关于做好臭氧污染防治工作的通知》，成为三大重点区域中首个开展治理臭氧污染专项行动的区域。珠三角采取的措施主要有：加强"散乱污"企业清理整治、加快推进重点行业和重点企业 VOCs 排放治理、强化重点污染源监管、加强移动源排放控制、减少城市面源 VOCs 排放。目前珠三角的臭氧污染防治已经取得一定成效，但是整体看来，京津冀地区和长三角地区的臭氧污染还没有得到足够的重视，与 PM$_{2.5}$ 治理措施相比，臭氧减排措施相对不足。

第二节　中国大气污染控制政策评述

本节以"大气污染""联防联控""PM$_{2.5}$""臭氧""协同控制"等作为关键词在北大法宝网与政府网站上检索出国家、重点区域及省级大气污染相关政策数据。共搜索得到 13 份全国性文件、174 份京津冀地区文件、110 份长三角地区文

件、8 份珠三角地区文件。通过国家级法规政策总结我国臭氧、$PM_{2.5}$ 治理的内在特征，并结合地方政策文件总结我国臭氧和 $PM_{2.5}$ 综合防治的特点和不足。通过系统梳理我国三大重点污染区域臭氧、$PM_{2.5}$ 相关的政策，我们发现了以下特点。

一、空气质量标准逐渐与国际标准接轨，区域污染治理标准存在差异性

2012 年，国务院发布了修订后的《环境空气质量标准》（GB 3095—2012），该标准取消了作为过渡管理的三级标准，将三级标准与二级标准合并，并重新调整了一级标准。为了与国际接轨，还增设了 $PM_{2.5}$ 的标准限值和臭氧的日最大 8 小时平均浓度限值。其中，臭氧的 1 小时平均浓度由之前的 120 微克/米³（一级标准）、160 微克/米³（二级标准）、200 微克/米³（三级标准）修订为 1 小时平均浓度 160 微克/米³（一级标准）、200 微克/米³（二级标准）；新增设的日最大 8 小时平均浓度限值为一级标准 100 微克/米³ 和二级标准 160 微克/米³，一级标准基本与 WHO 臭氧过渡时期目标-1（IT-1）的 160 微克/米³ 持平，二级标准与美国的 147 微克/米³ 相差不大。新增设的 $PM_{2.5}$ 的一级标准（日均浓度 35 微克/米³，年均浓度 15 微克/米³）、二级标准（日均浓度 75 微克/米³，年均浓度 35 微克/米³）则分别采用的是 WHO 对于 $PM_{2.5}$ 的过渡时期目标-3（IT-3，年均浓度 15 微克/米³）和过渡时期目标-1（IT-1，年均浓度 35 微克/米³），一级标准与美国标准（日均浓度 35 微克/米³，年均浓度 12 微克/米³）基本持平，二级标准年均浓度比欧盟（25 微克/米³）略微宽松。

按照《关于执行大气污染物特别排放限值的公告》《关于实施第五阶段机动车排放标准的公告》《打赢蓝天保卫战三年行动计划》等文件的要求，三大重点区域逐渐在交通、火电、钢铁、石化、水泥、有色金属冶炼等行业实行国家统一的大气污染物特别排放限值。例如，2015 年至 2016 年三大重点区域先后实行了国五标准，随后在 2017 年全国范围内实行国五标准。2019 年，全国范围内实行国六标准。虽然诸多行业排放标准在全国范围内已经统一，但由于地区治理重点不同，大气的检测标准、处罚标准、计量单位、减排目标等方面也存在着显著的差异。例如，《"十三五"挥发性有机物污染防治工作方案》中各地区的 VOCs 的排污收费标准不一，北京、上海等地按照污染物排放量收费，河北、山东等地按照污染当量计费；《打赢蓝天保卫战三年行动计划》中对各地煤炭的削减量指标不一，到 2020 年，北京、天津、河北、山东、河南五省（直辖市）煤炭消费总量比 2015 年下降 10%，长三角地区下降 5%；各地区污染物的排放标准不一，如表 6-1 中的燃煤锅炉标准，从各地区的锅炉标准来看，北京和上海地区的标准

要明显严于其他地区。

表 6-1　各地区的锅炉标准限值

污染物	北京	河北	广东（珠三角地区）	上海
颗粒物	在用锅炉：10克/米³； 新建锅炉：5毫克/米³	燃煤锅炉：10毫克/米³ 燃油锅炉：5毫克/米³ 燃气锅炉：5毫克/米³ 燃生物质能：10毫克/米³	燃煤锅炉：30毫克/米³ 燃油锅炉：30毫克/米³ 燃气锅炉：20毫克/米³ 燃生物质能：20毫克/米³	气态燃煤锅炉：20毫克/米³，10毫克/米³ 其他锅炉：20毫克/米³，10毫克/米³
二氧化硫	在用锅炉：20克/米³； 新建锅炉：10毫克/米³	燃煤锅炉：35毫克/米³ 燃油锅炉：10毫克/米³ 燃气锅炉：10毫克/米³ 燃生物质能：35毫克/米³	燃煤锅炉：200毫克/米³ 燃油锅炉：100毫克/米³ 燃气锅炉：50毫克/米³ 燃生物质能：35毫克/米³	气态燃煤锅炉：20毫克/米³，10毫克/米³ 其他锅炉：20毫克/米³，20毫克/米³
氮氧化物	在用锅炉：150毫克/米³ 新建锅炉：30毫克/米³	燃煤锅炉：50毫克/米³ 燃油锅炉：30毫克/米³ 燃气锅炉：30毫克/米³ 燃生物质能：80毫克/米³	燃煤锅炉：200毫克/米³ 燃油锅炉：2 000毫克/米³ 燃气锅炉：150毫克/米³ 燃生物质能：150毫克/米³	气态燃煤锅炉：150毫克/米³，50毫克/米³ 其他锅炉：150毫克/米³，50毫克/米³
烟气黑度（级）	1级	小于等于1级	小于等于1级	小于等于1级

二、初步建立了区域联防联控机制，法律法规建设缺少整体性、规范性

　　大气污染具有明显的区域传输特性，污染源和地域的多样性使得我国大气污染呈现出多元的特点。根据以往的治理经验，单一地区的大气污染防护能力和治理能力已经不能满足多元化的污染和影响。因此，我国逐渐形成了多个区域联防联控机制。2010年，珠江三角洲地区首次提出了全国第一个区域性联防联控工作方案。2013年，国务院颁布了"大气十条"，明确指出要建立区域联防联控机制，构建大气环境整治目标责任考核体系。随后，京津冀及周边地区大气污染防治协作小组先后成立，实现区域内部门联动和地区协作。2018年，京津冀及周边地区大气污染防治协作小组正式调整为"京津冀及周边地区大气污染防治领导小组"，直接由国务院指导管理，加强了大气污染防治的强制力。我国目前现行的联防机制大多由环境保护部会同其他有关部门及相关地区省（自治区、直辖市）人民政府主导。尽管部分区域协作机制已转为领导机制，但由于地方政府职能不对等，相关法律未明晰领导范围、奖惩机制等，目前协作机制仍然以会议为主，实行工作会议制度和信息报送制度，未形成长效的制度保障，机构规范化存在不足；而且合作部门较多，机制协调性较差，未规定部门的具体职能范围，导致缺失行政部门之间的利益协调机制，产生争权或互相推诿的情况。

　　此外，为保证区域之间的协调机制良好运行，2012年《重点区域大气污染防

治"十二五"规划》和 2013 年《大气污染防治行动计划》等文件明确了各区域的减排目标，从源头管理、淘汰落后产能、控制煤炭消费总量等方面入手，提高重点区域大气污染防治水平。2013 年和 2014 年发布的《京津冀及周边地区落实大气污染防治行动计划实施细则》《关于落实大气污染防治行动计划严格环境影响评价准入的通知》《能源行业加强大气污染防治工作方案》等文件从交通、产业结构、能源等方面提出具体性针对措施，这些政策大多以规范社会实际事务为重点，侧重调整重点区域的产业结构、能源结构，根据大气污染物的组成成分实施不同的措施。但总体而言，这些政策偏细节性纲领，缺乏总体性规范。综上可知，虽然我国已经初步建立了相关的区域联防联控机制，但是相关的立法缺乏系统性、协调性、完整性，区域治理仍然存在一定的问题。区域联合防治是治理大气污染的必经之路，因此必须要有完善的法律法规制度作为保驾护航的工具。

三、以短期应急政策为主，长效减排机制相对欠缺

自 2013 年冬季我国诸多城市暴发"雾霾"事件后，降低 $PM_{2.5}$ 浓度就一直是我国环境治理的首要目标。2015 年以来，臭氧浓度在春夏季节呈明显增加趋势，成为继 $PM_{2.5}$ 之后我国另一种超标污染物。研究表明，臭氧与 $PM_{2.5}$ 的生成具有相同的来源物，于是我国颁布了大量的文件来协同治理臭氧和 $PM_{2.5}$。从国家、区域、省级、部门的相关政策梳理可知，首先，我国关于臭氧、$PM_{2.5}$ 的政策多数为时限在 3~6 个月的秋冬季计划综合治理方案。例如，《长三角地区 2018-2019 年秋冬季大气污染综合治理攻坚行动方案》《京津冀及周边地区 2018-2019 年秋冬季大气污染综合治理攻坚行动方案》《河北省 2018-2019 年秋冬季大气污染综合治理攻坚行动方案》等，这些政策大多采取企业搬迁、压减产能等短期性措施，虽在降低污染物浓度方面起到了一定的作用，但不是改善空气质量的长久之计。

其次，区域层面的政策没有起到国家治理与地方治理的承上启下的作用。自国务院发布《打赢蓝天保卫战三年行动计划》后，多地发布了本地区的蓝天保卫行动计划。但地区政策与国家政策在调整产业结构、控制煤炭消耗和大力发展清洁能源、交通等领域存在着重复性、交叉性工作，不能有效治理本地区的臭氧、$PM_{2.5}$ 污染。而且由于缺少科学合理的指导，地方政府治理 $PM_{2.5}$ 和臭氧污染，只重视目标分配、层层加码，未考虑到部门资源的合理调配，给基层环保部门与主管官员带来巨大压力。例如，在推行"煤改气""煤改电"政策时，省级下达的指标命令与国家下达的指标存在着不符，这给当地政府增加了不少压力。

最后，在环境监管方面，我国正在逐渐建立臭氧、$PM_{2.5}$ 的监测站点，实行网格化、精细化管理；加大督查督办力度，不断开展大气专项的环境保护督察。尽

管目前环境督察力度有所加强，但是重点领域大气污染防治措施执行力度、执法监管和执法保障仍有待加强，各个层级的执法部门存在着职能交叉、重复检查等问题，基层环保部门疲于应对，工作重"痕"不重"效"。在重污染天气应急措施中，"一刀切"现象仍然存在，没有做到科学调度与合理错峰。此外，我国关于臭氧和 $PM_{2.5}$ 的污染传输等研究还不充分，背后成因、传输等问题还未有效解决，需要加大科研投入。

第七章 中国环境保护税实施效果

2018 年中国正式开始实行《中华人民共和国环境保护税法》，针对生产过程中所产生的大气、水、噪声、固体废弃物等污染物征税。我国政府强调节能减排不能妨碍社会稳定，但能源行业在高污染的同时，也在低收入群体的支出结构中占据了较高的比重，且其需求的价格弹性较低。本章基于全国可计算一般均衡（computable general equilibrium，CGE）模型，计算了环境保护税政策实施对不同收入居民的收入支出和福利变动的影响，并由此制定补贴策略。

第一节 中国环境保护税演变历程及研究进展

从 2003 年起，我国开始征收排污费，污水排污费每当量征收标准统一为 0.7 元，废气排污费每当量征收标准统一为 0.6 元。2016 年 12 月通过的《中华人民共和国环境保护税法》规定，我国自 2018 年起开征环境保护税。环境保护税改革后，环境保护税全面取代先前的排污费制度。环境保护税实行各个省份差额税率，水污染物每当量征收标准在 1.4~14 元，大气污染物每当量征收标准在 1.2~12 元。相比之前的排污费，环境保护税的税率具有一定程度的涨幅。环境保护税出台后，污染物排放受到更加严格的限制，在既定的环境保护税规则约束下保证社会经济福利，是我国今后发展长期面对的挑战。

目前关于环境保护税的研究主要集中在环境保护税的减排效果和经济领域的宏观经济效应两个方面。环境领域中，环境保护税对于污染减排效果的研究在国外已有大量研究，研究结果也逐渐趋于一致，即环境保护税确实能起到良好的减排作用。da Silva Freitas 等[57]、Wier 等[58]、Caron 等[59]、Kerkhof 等[60]、Feng 和 Klaus[61]、García-Muros 等[62]外国学者分别以巴西、美国、中国、西班牙等不同地区为研究对象，针对温室气体等不同污染物的减排政策，测定其实施效果，结果表明虽然环境保护税政策的减排效率存在差异，但是政策实施后无一例外均能减少目标污染物的排放。国内对于环境保护税政策减排效果的研究，主要研究对象是 2018 年之前的排污费，集中于其对工业污染物的排放的影响。童锦治和朱斌[63]、李建军和刘元生[64]及朱小会和陆远权[65]等学者利用各类污染物排放量进行了大量实证研究，研究污染和环境保护税政策的关系。例如，李建军和刘元生针对不同税种研究了其减排效果，得出不同税种对于工业污染物的排放影响会有较大的差别[64]。然而，对于环境保护税政策的经济效应，当前研究仍然存在着相当大的争议。

针对环境保护税引起的宏观经济效应情况，早期的研究主要集中于环境保护税的效率问题，其主要研究对象分为环境政策的减排效率和环境政策的经济效率。Baumol 和 Oates 通过 CGE 模型，核算出了使用经济政策要比直接使用政治制度减排更加高效，并以此改进了庇古税的设计[66]；OECD 作为最早应用环境保护税的组织，在 20 世纪 80 年代详细评价了其组织内的每个成员国环境保护税的实施状况，从其设计规则、政策效应的角度，为其他国家环境保护税的实施提供了启示[67]；高颖和李善同的研究重点转向了环境保护税税收收入的再利用，当环境保护税的税收收入被有效利用时，环境政策能够提高宏观经济效率和微观个体的福利[68]。

20 世纪末，福利经济学逐渐发展壮大，环境政策的公平性也越发受到经济学者和政策制定者的重视，环境保护税导致的分配效应也已经成为政府和学术界关注的热点问题之一。虽然现有大量国际文献针对各种污染物（主要以 CO_2、氧化亚氮等温室气体为主）税收的收入分配效应进行了测定，但是国内外学者在这类问题上的分歧不断。Chiroleu-Assouline 和 Fodha 利用纵向的时代交替模型在纵向上测度了公平性，发现当污染物税收收入得到政府的合理分配时，短期内前几代人的福利将上升明显，而长期内最终福利增长将在各个世代中平均分配[69]；就环境保护税在代际的收入分配而言，Rausch 和 Schwarz 通过动态的 CGE 模型，认为环境保护税的经济福利分配更加偏向未来几代人而非现代[70]；Bovenberg 和 Heijdra 认为环境保护税政策所获收益的合理分配，将使居民在相当长的时间内持续收益[71]；关于不同的污染物层面上的分配效应研究较少，García-Muros 等发现与温室气体污染物相比，对当地污染物征税可能更具累退性[62]。

与本章相关的实证研究大多集中在不同地区、不同家庭和不同收入群体的收入分配效应上。例如，Caron 等[59]、Chen 等[72]分别通过多区域投入产出方法研究了温室气体和碳税的美国和中国的收入分布效应的区域差异。Liang 和 Wei 发现城乡居民的生活水平都会受到碳税的影响，而城乡收入差距将会因此扩大[73]。进一步，从不同收入水平的群体来看，Wier 等[58]、Liang 等[74]、Rosas-Flores 等[75]、Cullenward 等[76]、da Silva Freitas 等[57]、Feng 等[77]在中国、丹麦、墨西哥、美国、巴西、拉丁美洲和加勒比地区开展了对于不同收入群体环境保护税的分配效应的研究。Wier 等[58]、Rosas-Flores 等[75]、Cullenward 等[76]、da Silva Freitas 等[57]、Feng 等[77]发现在环境保护税制度之下，上述国家的低收入群体将遭受比高收入群体更严重的福利损失，而 Liang 等的研究表明，碳税可能在中国农村不同的收入群体中产生较为微弱的累进效应[74]。

当前世界发达国家已经建立起了较为完善的环境保护体系，其政策的设计常常根据行业或地区而有所差别。但是有关我国 2018 年新征环境保护税改革的研究仍存在着不足之处：国内对于征收环境保护税的研究仍然集中在环境保护税征收后的减排效果和经济效率方面的问题，对于环境保护税征收后的公平性等福利问题的研究还缺乏深度。国外对于环境保护税政策的福利问题的研究较多，但是多集中于经济发展中纵向时间方向的代际公平。在横向人群差异的研究中，仍是以地域差异和收入差异的研究为主，地域上以税区和非税区作比较，收入上以城乡两类居民作比较，分类范围较广，区分度仍然较低。一国环保政策的设计不仅要考虑到区域内的污染程度和减排成本，还要同时考虑当地经济的发展情况和居民的生活水平。我国 2018 年环境保护税能否在实现有效减排的同时，促进经济发展，保护各类居民的福利，也成为评价环境政策设计是否合理的重要考量。本章以 2018 年的环境保护税改革为研究对象，建立 CGE 模型和投入产出模型来分析对不同人群、不同地区居民征收环境保护税的经济效应，并给出相应实证表述和规范表述。最终通过不同类型税收对象的比较分析，提出更为合理有效的环境保护税政策建议，开拓 CGE 模型在研究政策对不同人群影响方面的应用。

尽管我国已经推出了一系列减排政策，如排污费和国家碳排放交易计划，但是，我国尚且没有征收污染物环境保护税的经验，国外关于环境保护税影响区域内居民福利的讨论也尚未盖棺定论。另外，随着我国改革开放 40 多年的发展，经济腾飞的同时，我国居民的收入差距也在进一步增加，环境保护税政策是否能够和提高居民生活水平相吻合，还有待检验。模拟环境保护税政策实施效果，测度环境保护税对于低收入人群的分配效应，以及提出对应税收补偿的政策建议，对于评价环境保护税设计的合理性和后续法律的调整与完善具有重要意义。基于此，本书拓展了公共政策领域的研究范围，为研究不同地区、不同居民之间税收设计、补贴分配、资金补偿等政策协同提供依据。

第二节　中国 CGE 模型构建

CGE 模型起源于 20 世纪 60 年代瓦尔拉斯在其著作《纯粹经济学要义》中提

出的"一般均衡"理论。之后的经济学家的研究成果开拓了一般均衡理论，如帕累托（Vilfredo Pareto）、希克斯（John R. Hicks）、阿罗（Kenneth Arrow）、德布鲁（Gerard Debreu）和萨缪尔森（Paul A. Samuelson）把一般均衡理论发展成一套完整的理论体系，但是也仅停留在一般均衡解的存在性，具体均衡价格的求解一直悬而未决。随着技术的进步，1960 年经济学家约翰森（Johansen）构建出第一个 CGE 模型，利用方程组刻画供求关系，将价格、数量等变量视为未知数，变量求解的结果可以使所有市场达到均衡。此后，CGE 模型开始进入应用阶段，成为一项重要的政策分析工具，被用来计算宏观变动对经济的冲击效应，如能源价格的突然飙升、国际货币政策的陆续出台及资本主义国家工人真实工资水平的飞速上升。

CGE 模型由一组方程组构成，描述供求关系之间的均衡，方程组的变量包括数量和价格两类，如生产商品和要素投入的数量，生产活动的国内价格、商品价格、工资价格、能源价格和进出口商品价格等，通过利润最大化和成本最小化等约束条件，得到每个市场的均衡价格和均衡数量，进而引入市场和政策的外生冲击，利用价格和数量的变动来刻画政策冲击的影响，以分析政策实施效果。相比于主流的计量经济模型，CGE 模型在测度市场和非市场的均衡变动方面具有较大的优势，贸易政策、税收政策、要素分配等政策都是 CGE 模型常见的政策对象，如 Harberger 通过一个两部门的 CGE 模型，核算了公司税和资本所得税的税收归宿[78]。本节拟通过一个全国的 CGE 模型，计算环境政策实施前后不同类型居民面临的两种均衡，通过两种均衡状态下居民福利的比较，来测度环境保护税对低收入群体的冲击。

一、生产模块

本节 CGE 模型所使用的社会核算矩阵，其基础数据来自 2012 年全国投入产出表，包括全国的 42 个部门，各个部门的具体划分可以参照"中国 2012 年投入产出表部门分类解释及代码"。

生产模块中，将生产函数分为五层嵌套，第一层为劳动-资本-能源合成束（增加值束）与非能源中间投入束合成总产出，非能源中间投入束由列昂惕夫函数求出；第二层为劳动束和资本-能源合成束合成增加值束；第三层为农业劳动、基础劳动和专业劳动合成劳动束，资本束和能源束合成资本-能源合成束；第四层为电力能源束和非电力能源束合成能源束。生产函数采用恒替代弹性生产函数（简称 CES 函数）形式。嵌套情况见图 7-1，具体变量解释见表 7-1。

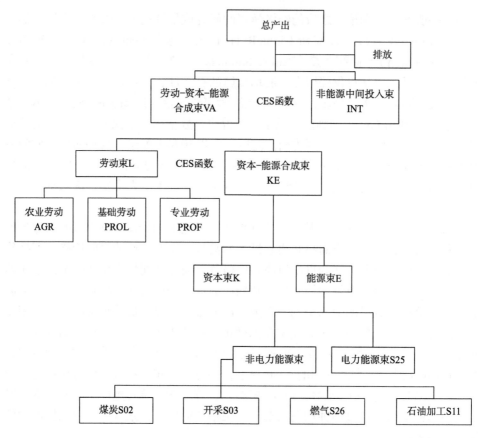

图 7-1 生产函数结构示意图

表 7-1 生产模块变量设置

变量名称	含义
QA	部门总产出
PA	部门价格
QVA	部门增加值束总需求量
PVA	增加值束价格
QINTA	中间投入
PINTA	中间投入价格
QLD	劳动束总需求量
PLD	劳动束价格
QKED	资本-能源合成束总需求量
PKED	资本-能源合成束价格

续表

变量名称	含义
QAGRD	农业劳动总需求
WAGR	农业劳动报酬
QPROLD	基础劳动总需求
WPROL	基础劳动报酬
QPROFD	专业劳动总需求
WPROF	专业劳动报酬
QKD	资本总需求
WK	资本报酬
QED	能源总需求
PED	能源价格
QHED	非电力能源总需求
PHED	非电力能源价格
QLED	电力能源总需求
PLED	电力能源总价格
QSED	电力能源投入
QPED	非电力能源合成投入

（一）第一层 CES 生产组合函数

各部门总产出由总的增加值束和中间投入束嵌套而成，具体的嵌套 CES 函数形式见式（7-1），再根据拉格朗日法确定总增加值和总中间投入的最优的一阶条件，其中各部门之间价格采用线性的价格关系：

$$\mathrm{QA}_a = \alpha_a^q [\delta_a^q \mathrm{QVA}_a^{\rho_a} + (1 - \delta_a^q)\mathrm{QINTA}_a^{\rho_a}]^{\frac{1}{\rho_a}} \qquad (7\text{-}1)$$

由于环境保护税征收规模和各部门总产出相关，因此我们通过一个污染排放系数 E_a（排放系数来自中国工业企业环境统计数据库）来确定各行业的排放水平，即 $\mathrm{ENT}_a = \mathrm{QA}_a \cdot E_a \cdot t$，其中税率 t 代表全国统一的环境保护税税率。

具体确定时，我们首先根据每个省份的工业行业污染物数据确定其排放水平 $t = \sum_s \omega_s t_s$，把每个省份的排放占全国总排放的比重当作权重 $\omega_s \left(\omega_s = \dfrac{\mathrm{COD}_s}{\mathrm{TCOD}} \right)$，对各个省份现行环境保护税税率进行加权计算，获得经过污染物排放比重加权的税率 $\mathrm{TOD} = \sum_s \mathrm{COD}_s$。

（二）第二层 CES 生产组合函数

各部门总增加值是一个劳动-资本-能源合成束，在第二层嵌套中，总的增加值束由劳动束和资本-能源合成束嵌套而成，具体的嵌套 CES 函数形式见式（7-2），再根据拉格朗日法确定总劳动增加值和总资本能源增加值最优要素投入的一阶条件，其中各部门之间价格采用线性的价格关系：

$$QVA_a = \alpha_a^{va}[\delta_a^{va}QLD_a^{\rho_{va}} + (1-\delta_a^{va})QKED_a^{\rho_{va}}]^{\frac{1}{\rho_a^{va}}} \tag{7-2}$$

各部门总的中间投入由列昂惕夫的投入产出关系计算得到，利用投入产出关系确定的中间投入函数 $QINTA_{aa'} = ia_{aa'} \cdot QINTA_{a'}$，价格关系同样利用投入产出之间的关联确定函数形式 $PINTA_{a'} = \sum_a ia_{aa'} \cdot PA_{a'}$。

（三）第三层 CES 生产组合函数

各部门资本-能源合成束由资本增加值和能源增加值两部分构成，具体的嵌套 CES 函数形式见式（7-3），再根据拉格朗日法确定总能源增加值和总资本增加值最优要素投入的一阶条件，各部门之间能源束和资本束的价格采用线性的价格嵌套关系：

$$QKED_a = \alpha_a^{ke}[\delta_a^{ke}QKD_a^{\rho_{ke}} + (1-\delta_a^{ke})QED_a^{\rho_{ke}}]^{\frac{1}{\rho_a^{ke}}} \tag{7-3}$$

各部门劳动增加值束由三部分构成，分别是农业劳动束、基础劳动束和专业劳动束，具体的嵌套 CES 函数形式见式（7-4），再根据拉格朗日法确定农业劳动、基础劳动和专业劳动两两之间的最优化一阶条件，各部门之间要素价格采用线性的价格嵌套关系：

$$QLD_a = \alpha_a^l[\delta_a^{la}QAGRD_a^{\rho_l} + \delta_a^{ll}QPROLD_a^{\rho_l} + (1-\delta_a^{la}-\delta_a^{ll})QPROFD_a^{\rho_l}]^{\frac{1}{\rho_a^l}} \tag{7-4}$$

（四）第四层 CES 生产组合函数

各部门能源增加值束由两部分构成，分别是电力能源束和非电力能源束，具体的嵌套 CES 函数形式见式（7-5），根据拉格朗日法确定电力能源束和非电力能源束的最优要素投入的一阶条件，各能源部门之间要素价格采用线性的价格嵌套关系：

$$QED_a = \alpha_a^e[\delta_a^{ep}QPED_a^{\rho_e} + \delta_a^{es}QSED_a^{\rho_e}]^{\frac{1}{\rho_a^e}} \tag{7-5}$$

二、贸易模块

本节以中国作为研究对象，在国家经济中，一国的国内总产出全部用于出口和内销之间的分配，具体的分配关系会受到国内价格水平和国际价格水平的影响，我们用一个恒转换弹性生产函数（CET 函数）来表示这种关系。国内市场上的商品由进口商品和国内生产国内销售的商品组成，根据 Arminton 条件，两者之间虽然没有完全的替代性，但可以相互替代，用一个 CES 函数来表示这种关系。具体情况见图 7-2。

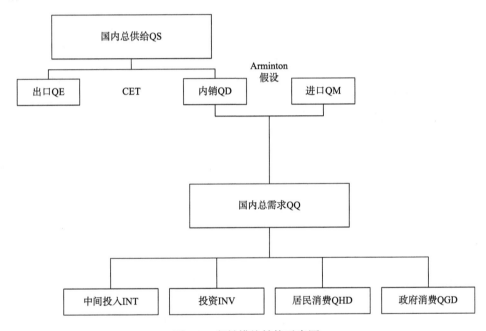

图 7-2　贸易模块结构示意图

本节中进口产品价格和出口产品价格由商品的国际市场价格和汇率共同决定，具体情况如下：

$$PM_i = PWM_i \cdot EXR \qquad (7-6)$$

$$PE_i = PWE_i \cdot EXR \qquad (7-7)$$

其中国内生产出来的产品为产品市场上的供给方的国内供给量，即 QD = QA。在国内市场上，国内供给量和国际进口量共同构成市场的供给方；国内生产的产品供给的去向有两个，一个是供给国内市场，另一个是供给国外市场。

三、居民模块

前人的研究常用斯通-盖利（Stone-Geary）函数形式来表示居民的效用，但是消费函数参数难以从文献中获得，同时本节做静态分析，因此在居民消费函数中，采用最简单的线性效用函数形式。居民收入主要有三类来源，分别是要素市场的工资收入、投资企业所获得的投资收益及政府的转移支付；其支出主要用于居民消费、个人所得税和居民储蓄，如图 7-3 所示。同时，为了便于研究，本节在前人开发的 CGE 模型的基础上，根据城镇与农村的五个收入水平，将居民划分成了 d（$d=2\times5$）类，以便于后文累退性的分析。

图 7-3　居民模块结构示意图

（一）居民收入模块

d 类居民总收入主要由三部分构成，包括居民劳动收入、居民投资收益和居民获得的转移支付，具体形式如下：

$$YHD_d = YL_d + YHK_d + YTR_d \qquad (7\text{-}8)$$

十类居民的收入构成居民总收入：$TYHD = \sum_d YHD_d$。

部门 i 的 d 类居民劳动收入有三类来源，包括农业劳动收入、基础劳动收入和专业劳动收入，具体形式如下：

$$YL_{id} = WAGR \cdot QAGRD_{id} + WPROL \cdot QPROLD_{id} + WPROF \cdot QPROFD_{id} \quad (7\text{-}9)$$

十类居民的劳动收入构成总劳动收入：$TYL = \sum_d \sum_i YL_{id}$。

同时根据社会核算矩阵，d 类居民投资收益收入通过比例系数 ratehk 表示，其含义是各类居民资本收入占总资本收入比重，表示为 $YHK_d = ratehk_d \cdot TYK_d$；十类居民的投资收益构成居民总投资收益：$TYHK = \sum_d ratehk_d \cdot TYK_d$。$d$ 类居民转移支付收入通过比例系数 ratetr 表示，其含义是各类居民转移支付收入占总转移支付收入比重，表示为 $TR_d = ratetr_d \cdot TR_d$；十类居民的转移支付收入构成总转移支付收入：$\text{TYTR} = \sum_d \text{ratetr}_d \cdot \text{TR}_d$。

（二）居民支出模块

d 类居民总支出主要由三部分构成：一是商品市场上私人消费；二是要素市场上劳动力获得收入需要缴纳的税收；三是收入被消费后剩余部分转化为的储蓄，具体形式如下：

$$\text{XP}_d = \text{PIT}_d + \text{SH}_d + \sum_i \text{HD}_{id} \qquad (7\text{-}10)$$

其中，d 类居民个人所得税通过个人所得税比例系数 ratepit 表示，ratepit 通过社会核算矩阵求得，表示为 $\text{PIT}_d = \text{ratepit} \cdot \text{YHD}_d$；$d$ 类居民在商品 i 上的具体消费表示为 $\text{HD}_{id} = \mu_{di} \cdot \dfrac{(1-\text{sh})(1-\text{ratepit})\,\text{YHD}_d}{\text{PQ}_i}$；$d$ 类居民储蓄通过储蓄系数 sh 表示，储蓄系数表示其储蓄在可支配收入中占据的比例，居民储蓄表示为 $\text{SH}_d = \text{sh}_d \cdot (\text{YHD}_d - \text{PIT}_d)$。

四、企业模块

企业模块主要描述企业收入和支出的来源，企业收入包括投资收益、商品支付、政府对企业的转移支付，企业支出则包括企业支付、企业税收和企业储蓄。具体结构如图 7-4 所示。

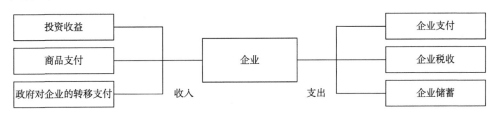

图 7-4　企业模块结构示意图

（一）企业收入模块

企业总收入主要由三部分构成，包括商品支付、投资收益和政府对企业的转移支付，具体形式如下：

$$\text{CY} = \text{QD} \times \text{PQD} + \text{YEK} + \text{CYTR} \qquad (7\text{-}11)$$

其中，部门 i 的投资收益用资本回报系数表示为 $\text{YK}_i = r \cdot K_i$；企业总投资收益由各行业投资收益构成，即 $TYK = \sum_i r \cdot K_i$；国外资本投资收益由国外资本投资收益比例系数 ratewk 表示，即 $YWK = ratewk \cdot TYK$；则国内企业的投资收益为 $YEK = (1 - ratehk - ratewk) \cdot TYK$。企业的转移收入是通过总转移收入减去居民转移收入确定的，这种方法依赖于居民的转移支付比例系数 ratetr，具体表示为 $CYTR = TR - TYTR$。

（二）企业支出模块

企业总支出主要由三部分构成，包括企业支付、企业税收和企业储蓄，具体形式如下：

$$CEXP = YZK + CIT + SE \tag{7-12}$$

企业税收主要包括企业的所得税和环境保护税两部分，具体通过所得税税率 t_e 表示为 $CCT = t_e \cdot YEK + GET$。

五、政府模块

政府模块主要描述政府部门收入和支出的方向，政府收入包括投资收益、来自个人和企业所缴纳的税收，政府支出则包括了政府的消费支付、政府向企业和个人的转移支付，以及收入被消费后剩余的部分转化为储蓄。具体结构如图 7-5 所示。

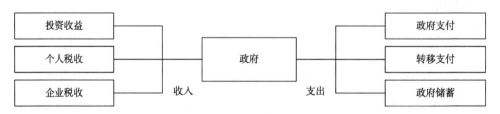

图 7-5　政府模块结构示意图

（一）政府收入模块

政府收入主要由三部分构成，包括政府的投资收益、政府的个人所得税收入和政府的企业税收入，具体形式如下：

$$GY = GEK + GPIT + CIT \tag{7-13}$$

政府的总投资收益由各行业投资收益构成，我们用 rg 来表示政府在各个行业的总的投资收入比例，即 $GEK = \sum_i rg \cdot EK$。政府总的税收收入有两类，一是来自个人的税收支付，二是来自企业的税收支付，包括企业所得税和企业的环境保护税。

（二）政府支出模块

政府支出主要由三部分构成，包括政府的消费支付、政府向企业和个人的转移支付，以及政府的储蓄，具体形式如下：

$$GEXP = GTP + GS + GC \qquad (7-14)$$

政府转移支付由政府转移支付比例系数 ratetrp 表示，比例系数 ratetrp 是转移收入占政府总收入比重，表示为 $GTP = ratetrp \cdot GY$ ；政府储蓄由政府储蓄的比例系数 ratesg 表示，ratesg 是政府储蓄占政府总收入比重，表示为 $GS = ratesg \cdot GY$ 。

六、均衡模块

本节假定当区域内外收支达到平衡时，区域外的储蓄为外生给定，从而通过内生的闭合来确定具体交易时的外汇汇率，当外汇汇率发生变动时，代表着整个经济体的平衡也发生了变动。其中 $\overline{SF}$ 为国外储蓄，是外生变量。

$$\sum_i PM \cdot QM = \sum_i PE \cdot QE + \overline{SF} \qquad (7-15)$$

产品市场均衡表现为商品市场的出清，即总供给和总需求达到均衡， $HD_i + GD_i + INV_i + ND_i = QQ_i$ 。我们假设，当劳动要素市场达到均衡时，工资率为外生给定，即遵循工资刚性假定，当政策造成冲击后，工资没有来得及充分调整，还未实现充分就业，劳动力市场不一定出清，即 $\sum_i L_i = \overline{L}$ 。资本要素市场的假设和劳动要素相同，即当资本要素价格为外生变量，存在刚性价格，当政策造成冲击后，资本由于存在其专用性，无法立刻在市场上进行自由流动，资本市场不一定出清，即 $\sum_i K_i = \overline{K}$ 。

七、福利模块

国外文献在衡量福利的变动时，尝试过用不同的指标来量化福利，希克斯等价变动（Hichsian equivalent variation）就是其中之一。希克斯等价变动假定价格固定，用变动前后的商品数量来衡量效用水平的变动情况。本节以此为基础，将商品的变动与均衡价格相结合来测度各类居民福利变动。

其计算公式为

$$EV_d = E_d\left(U^s, PQ^s\right) - E_d\left(U^b, PQ^b\right)$$
$$= \sum_i PQ_{id}^s \cdot HD_{id}^s - \sum_i PQ_{id}^b \cdot HD_{id}^b$$

（7-16）

其中，EV 表示政策前后福利的上升量或下降量；$E\left(U^b, PQ^b\right)$ 表示居民在环境保护税后的福利，以环境保护税后价格为基础计算；$E\left(U^s, PQ^s\right)$ 表示居民在环境保护税前的福利，以环境保护税前价格为基础计算；PQ_i^b 表示部门 i 在环境保护税后的均衡价格；PQ_i^s 表示部门 i 在环境保护税前的均衡价格；HD_i^b 表示部门 i 在环境保护税后的均衡数量；HD_i^s 表示部门 i 在环境保护税前的均衡数量。

根据式（7-16）计算出各类居民福利的变动 EV。EV>0 时，居民福利在环境保护税后有所提升；EV<0 时，居民将面对环境保护税后福利的下降。

第三节　中国环境保护税实施效果分析

一、环境保护税宏观经济效应分析

2018 年环境保护税的征收可能会造成污染企业的要素投入上升，提高企业的生产成本，造成企业的产出下降，从而影响各行业均衡数量、均衡价格等经济指标；另外，环境保护税的征收也可能带来政府收入的增长，从而增加政府购买支出、转移支付等要素，带来居民收入和消费需求的增长，进而刺激经济的增长。环境保护税对于经济的具体影响，需要考虑各个市场的均衡达成后经济变动的结果。本章利用 CGE 模型，通过求解一组方程组得出经济体在环境保护税实施后的各个经济变量的变动，从而计算环境保护税实施后的经济影响。

表 7-2 中的居民指标反映了 2018 年征收环境保护税对于居民的影响，居民的收入和储蓄均呈现下降的趋势，而支出出现 0.11%的上升比例。居民的收入构成主要包括劳动所得、来自资本的投资收益和来自政府的转移支付。从长期看，均衡后居民始终能够达到充分就业的条件，其劳动价格未发生显著变动，而对居民收入影响更为显著的是来自企业的资本投资收益和来自政府的转移支付。政府收入在税后上升，其比例为 0.38%，其带给居民的转移支付也必然随之上升，对居民收入起到增加的效果，但企业在税后由于产值下降，其收入必然下降，随之而来的是资本的投资收益也随之下降，带来的是居民投资收入的下降。可以从模型计算结果中看出，资本收益下降对于居民收入的减少幅度高于转移支付上升对于居民收入的增加幅度，于是居民收入呈现下降的态势，比例约为-0.13%。环境保护税征收后居民的支出出现了上升的态势，比例约为 0.11%。环境保护税征收后，

企业的生产成本随之上升，企业生产的商品，尤其是能源产品的价格出现了上升。传统化石能源产品的需求价格弹性较低，涨价带来的支出上升幅度较大，故居民的支出呈现增加的趋势，模型中居民的福利整体呈现下降趋势。

表 7-2　税后的均衡变动情况

经济主体	变量	变动幅度
居民	居民收入	−0.13%
	居民储蓄	−0.09%
	居民支出	0.11%
企业	企业收入	−0.28%
	企业储蓄	−0.15%
政府	政府收入	0.38%
	政府储蓄	0.23%
	政府支出	0.11%
宏观经济	总产出	−0.10%
	进口	−0.05%
	出口	−0.01%
	总投资	−0.06%

　　企业的收支指标反映了政策冲击后企业经济指标的变动，企业的收入和储蓄均出现了较大幅度的下降，分别为−0.28%和−0.15%。企业作为环境保护税征收的直接对象，在征收环境保护税后受到的冲击较大。环境保护税征收带来了企业生产成本的上升，随之而来的是企业均衡产量的下降及企业均衡收入和储蓄的下降。从表 7-2 中可以看出，和居民相比，企业的收入和储蓄相对下降的幅度更为显著。

　　政府的收支指标反映的是政府在政策执行后的变动情况，从表 7-2 中可以看出，环境保护税作为企业税收中的重要税源，在其征收后，政府的收入和储蓄呈现了上升的趋势，分别为 0.38% 和 0.23%，特别是政府收入的上涨趋势，是各个经济指标中上涨幅度最大的。同时，居民和企业收入下降幅度的和高于政府部门收入上升幅度，居民和企业储蓄下降幅度的和高于政府部门储蓄上升幅度，说明国家总的收入和储蓄呈现下降的趋势。

　　宏观经济的进出口与投资指标反映宏观经济在政策执行后的均衡情况。可以看出环境保护税征收后我国经济中的总产出、总投资、进口和出口也呈现下降的趋势，其中总产出降幅最大，为−0.10%。居民和企业的收入的减少意味着国内消费者的消费能力下降，一方面，消费者对于国内产品的需求会有所下降；另一方面，意味着国内消费者对于国外商品需求的下降即进口水平的下降。环境保护税实施后，污染行业污染相关产出下降，同时污染带来了污染企业生产成本的上升，国内产品在国际市场上的竞争力下降，导致出口呈现下降趋势，为-0.01%。

根据行业产出（图 7-6）和行业价格（图 7-7）情况变动可以发现，行业产出下降比例较高的分别是行业 25 电力热力的生产和供应、行业 12 化学制品和行业 10 造纸和印刷品，这三个行业在我们的排放清单中属于大气污染物、水污染物排放都较高的行业，在税后由于企业污染成本的提升，其产出产生了较为显著的下降。可见，环境保护税确实能够起到倒逼高污染高排放的企业减排的作用。同时，价格的上升也造成了各行业的产品国内需求的下滑，国内产品在国际市场上竞争优势的丧失，造成了出口需求的萎缩。从供给和需求两个角度来看，环境保护税后的企业产出，特别是污染企业的产出都呈现出下滑的态势。从 42 个行业整体产量的下降水平来看，下降水平较高的行业主要集中在工业，这也与我们熟知的工业企业污染程度较高的事实较为相符。

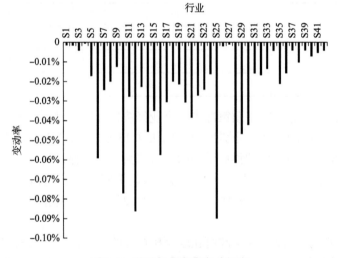

图 7-6　税后行业产出变动幅度

总的来说，尽管本节计算结果显示，环境保护税确实造成了企业产出的下降，影响我国的总产值和总收入，但是产出下降的幅度并不显著，即便是下降幅度最大的行业 25 电力热力的生产和供应，产量下降也不足 0.10%。另外，环境保护税征收后，本节的模型建立并未考虑到税后隐形收入的变动，如居住环境条件改善带来患病率下降，从而医疗健康支出下降等。环境保护税是否真的造成了我国经济的下滑，还应将本节下降的产值和这些节省的治污成本做进一步的对比。

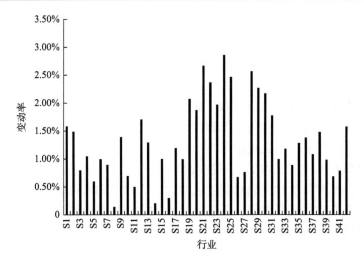

图 7-7　税后行业价格变动幅度

二、福利分配效应分析

环境保护税实施后，不同收入群体居民的福利的变动如图 7-8 所示。

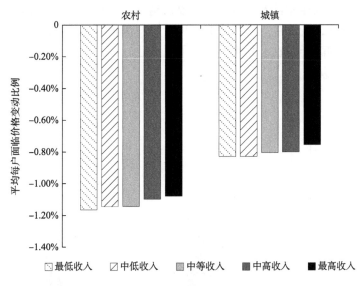

图 7-8　居民福利下降比例

从城镇和农村两类居民支出的视角来看，农村居民的福利损失高于城镇居民的福利损失。征收环境保护税后，农村居民的支出增加了 1.12%，而城镇居民支出仅增加了 0.78%，在城乡两类居民中出现了损失的不平衡。城镇居民在燃料供暖支出一项上仅上升了 0.63%，而农村居民在税后燃料供暖支出一项上的上升比例达 1.58%。从用能结构上来说，相对城镇居民，农村居民仍然大量依赖传统的煤炭等化石燃料燃烧供能，征收环境保护税后，这部分燃料价格的上升对农村居民的冲击显然大于其对城镇居民的冲击。当传统能源价格上升时，一方面，城镇居民传统能源消费占比本就低于农村居民；另一方面，城镇居民也有更多的机会去使用其他绿色能源来代替传统能源的消费。这两方面都使得城镇居民在征收环境保护税后受到的福利损失更小。

　　具体从城乡两类居民内部不同收入群体支出的视角来看，征收环境保护税后，低收入群体的福利损失比例超过高收入群体，在城镇和农村居民内部均出现了累退性。无论是在农村还是城镇，低收入居民的支出提升比例要明显高于高收入居民。其中最低收入居民的支出上升比例最高，农村最低收入居民支出增加 1.18%，是农村最高收入居民的 1.13 倍，而城镇最低收入居民支出增加 0.82%，是城镇最高收入居民的 1.16 倍。在燃料供暖支出上，不同收入居民的变动差异更加明显，农村最低收入居民的支出上涨超过 2.60%，农村最高收入居民支出上涨为 1.18%，城镇最高收入居民支出上涨仅为 0.52%（图 7-9）。在城镇和农村内部，低收入群体燃料供暖作为一种必需品，其需求的价格弹性较低，在农村（城镇）不同家庭中所消费数额上的绝对差距并不显著，但是由于农村（城镇）居民的收入存在较大差距，其支出也存在较大差距，于是收入越低，燃料供暖支出在其总支出中所占据的比例越高，所以在征收环境保护税后燃料供暖行业的价格提升后，低收入群体受到的影响高于高收入群体，出现了累退性。

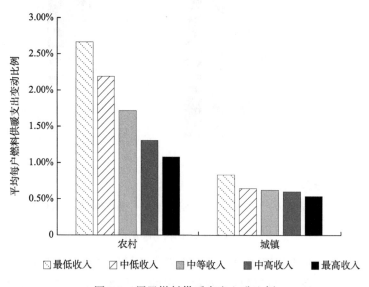

图 7-9　居民燃料供暖支出上升比例

我国当前税率虽然能够带来较好的污染产业减排效果，但是，随之而来的也有我国总体经济的微幅下滑、居民收入的减少和不同居民之间的福利相对损失不公等问题，这说明我国的环境保护税率还存在进一步优化的空间。对于不同地域、不同收入的居民，一个合理的税率设计是解决累退性问题的有效方法。税率设计时，应当考虑低收入居民福利对于征税带来的必需品物价变动具有较高的敏感性。对低收入群体的补偿策略应该有两个方向，一方面，对于低收入群体绝对收入的提升，增加农业生产补贴、抚恤金、救济金赈灾款和食物补贴等多种针对低收入群体的政策转移支付，并给他们提供更多的就业岗位。由于高污染相关的商品收入价格弹性较低，提升居民的绝对收入将降低其燃料支出占比，从而减轻环境保护税带来的福利损失。另一方面，对于低收入群体，做好居民生活必需品的物价优惠和补贴也是解决累退性问题的有效方法。针对低收入居民福利对于物价变动具有较高的敏感性，政府要加大检测力度，及时发现、测算生活必需品的市场供需行情和价格变化，及时发布市场的供求和价格信息，并通过政府的收购、储备等政策去平衡供需，稳定物价。同时，逐步建立起适应低收入群体生活特点的动态物价补贴制度，除货币补贴、税收优惠外，还可以增加生活必需品的实物补贴和消费券补贴，使补贴方式多样化，降低必需品价格产生波动时对低收入群体的影响。

第三篇　大气污染协同控制

第八章　协同治理 $PM_{2.5}$ 和臭氧共同前体物的减排成本

我国大气主要污染物为细颗粒物（$PM_{2.5}$）和臭氧（O_3），两者的协同控制是进一步改善我国空气质量的关键。污染减排措施的实施势必会对经济发展产生影响，衡量减排措施的经济成本是判定减排措施实施与否的关键一环。本章以评估京津冀地区污染物的减排成本为目的，首先以京津冀地区各城市及其重点行业的污染物排放等数据为基础，构建京津冀地区城市层面的 CGE 模型，评估京津冀地区城市层面和重点行业层面的 NO_x 和 VOCs 边际减排成本，并利用回归分析的方法刻画相应的污染物边际减排成本曲线，为后续构建 $PM_{2.5}$ 和臭氧协同控制评估模型奠定基础。

第一节　大气污染协同治理的重要性及研究进展

自 20 世纪 70 年代，我国就开始关注大气污染防治问题，并将其纳入生态环境保护的重要内容中。近几年，为更好地应对空气污染问题，我国实施了一系列严格的措施以控制污染物的排放。特别是 2013 年《大气污染防治行动计划》实施以后，我国城市的空气污染状况已得到较明显的改善[79, 80]，2019 年 337 个城市平均优良天数比例为 82%，215 个城市的平均优良天数比例超过 80%，157 个城市的六项标准空气污染物全部达标，但仍有超过半数的城市空气质量水平未达到《环境空气质量标准》（GB 3095—2012），47.2% 的城市 $PM_{2.5}$ 浓度超标，且 $PM_{2.5}$ 的平均浓度下降幅度下降，超标天数比例出现上升[81]。此外，臭氧年均浓度持续恶化，逐渐接近《环境空气质量标准》（GB 3095—2012）浓度限值，其污染范围和区域不断扩大，重点区域的臭氧浓度增幅更为严重[82]，已经超过 $PM_{2.5}$ 成为我国城市污染物超标天数比例年上升幅度最高的污染物（$PM_{2.5}$ 的上升比例为 0.2%，臭氧的上升比例为 2.3%)。当前我国大气污染治理已进入深水区,$PM_{2.5}$和臭氧成为制约我国空气质量进一步改善的两大主要因素[83],为确保空气质量水平的持续提升,$PM_{2.5}$和臭氧的协同控制显得十分关键。

随着大气污染问题日益凸显,越来越多的学者对大气污染减排展开了研究。王常凯和谢宏佐分析了我国电力行业碳排放的动态特征,并利用对数平均迪氏指数法描述了影响电力行业碳排放的因素,指出经济增长是促进碳排放的首要因素,并建议从电力生产、输配和消费等环节控制碳排放[84];刘大钧等对钢铁企业的 NO_x 排放形势进行了研究,指出了钢铁企业减排的关键技术,并从国家层面提出了相关建议[85];许艳玲等研究了钢铁行业 SO_2 的排放状况及减排经验,并针对钢铁行业 SO_2 的排放,提出了总量控制体系建设等六个方面的减排对策[86]。但是这些学者仅关注了重点行业的单一污染物排放,随着影响大气环境质量的主要污染物种类逐渐增多,以及大气环境治理的要求也越来越高,控制单一污染物的排放已无法满足治理需求,因此许多学者开始从协同控制的角度展开研究。

关于温室气体和大气污染物之间的协同控制研究较为丰富和成熟,这部分研究的对象大致可以划分为政策、区域和行业三个层面。政策层面的研究[87~89]主要包括评估政策的可行性、预测政策的实施效果及提出政策的制定建议等,区域层面的研究[90]主要为评估某个区域的协同控制效应,行业层面的研究[91~93]主要集中在几个重点行业,如电力、钢铁、水泥和交通行业等,但是关于大气污染物之间的协同减排研究尚不充足。应用较多的研究方法为博弈模型和情景分析法。博弈模型主要分析区域间协同减排的经济利益,Katz 等利用微分博弈模型研究了美国各州的污染物减排量和减排成本分摊的问题[94];Xue 等利用合作博弈模型分析了中国各省的大气污染物协同减排的成本分摊和经济补偿问题[95];唐湘博和陈晓红采用双层博弈模型分析了市场调节的补偿机制对中国区域协同减排的作用[96]。情景分析法运用于大部分研究之中,主要比较不同的协同减排情景的效果,以此来对相关污染物的协同减排提出建议,但这些减排情景大都为先前预设的,对于以减排目标为前提的减排情景模拟研究还较少,如 Purohit 等利用情景分析法,探究了 2012~2030 年巴基斯坦不同的减排措施对 $PM_{2.5}$、SO_2 和 NO_x 减排的影响[97]。此外,大气污染物之间的协同减排研究对象主要集中于 SO_2、NO_x 和 $PM_{2.5}$[98],但是关于 VOCs 的研究较少。总的来说,当前关于温室气体和大气污染物的协同减排的研究较为系统,而对于大气污染物之间的协同减排的研究,其研究对象主要集中在 $PM_{2.5}$、NO_x 和 SO_2 三种污染物上,且研究内容主要侧重评估不同协同减排情景或政策措施的实施效果,而对于 NO_x 和 VOCs 协同减排的研究较少,并且将污染物间的转化关系考虑在内的研究也并不常见。

一方面,大气污染防控政策的实施有利于空气质量的改善;另一方面,大气污染防控政策的实施势必会产生一定的经济成本,若只注重空气质量的改善,而忽略了减排成本，可能会对社会发展和经济增长造成严重影响。因此如何评估污染物的减排成本，以确保政策实施的可行性和合理性，对于政策的制定也十分重要。由于单位污染物的减排成本与减排量呈正相关关系，所以一般利用边际减排成本来评估减排成本，边际减排成本即削减单位污染物所增加的经济成本[99]。对于边际减排成本的评估方法种类较多，大致可以分为基于减排技术的成本评估方法和基于模型的成本评估方法[100]。基于减排技术的成本评估方法是基于专家评估构建的 MAC 曲线。顾阿伦等在实地调研的基础上，绘制了我国水泥行业的 CO$_2$ 的边际减排成本曲线[101]，该成本曲线主要包含 18 项减排技术。相对来说，该类 MAC 曲线较为直观，满足减排目标的减排技术可直接在曲线中展现出来，但是该成本较为微观和片面，仅从技术的实施成本、能源消耗成本和维修成本等进行核算，无法体现减排措施的实施对宏观经济层面产生的影响。基于模型的成本评估方法导出的 MAC 曲线，主要由计算污染物减排成本的模型推导而来，而该 MAC 曲线能够解决上述问题，可以将污染减排对整个经济系统产生的影响体现出来，其呈现的成本更为宏观。基于模型的成本评估方法还可以将模型进一步分为宏观经济计量模型、数量经济学模型、最优化模型和系统动力学模型等[102]。因此，为制定合理有效的减排策略，减排成本的研究显得尤为重要。

为更加全面准确地刻画污染物的边际减排成本，许多学者选择利用环境保护税和自上而下的模型来评估污染物的减排成本，如魏巍贤和马喜立构建了嵌入硫税和排放交易权的全国 CGE 模型，利用该模型计算了 SO$_2$ 的减排成本[103]。这是因为环境保护税能够将环境污染和生态破坏的社会成本内化到生产成本和市场价格中，然后再通过市场机制重新分配环境资源。Bovenberg 和 Goulder 认为污染物减排所产生的边际社会成本和边际私人成本的差值即该污染物的边际减排成本，而环境保护税应等同于边际减排成本[104]。另外，CGE 模型作为政策分析的强有力工具，能够将环境和经济系统联系起来[105]，衡量整个经济系统受到的影响，而且可以描述整个经济系统中各个部门和核算账户之间的关系，因此为较为准确地衡量减排政策产生的经济成本[106]，本书利用引入环境保护税的 CGE 模型来评估污染物的减排成本，并构建相应的污染物边际减排成本曲线。

综上所述，关于大气污染协同控制的研究大多集中于常见污染物 PM$_{2.5}$、SO$_2$，对于 NO$_x$ 和 VOCs 的研究较少，也少有研究考察两种污染物的协同减排对 PM$_{2.5}$ 和臭氧协同控制的作用。此外，从研究范围来说，现有研究多关注单一部门或单一污染物等，对多区域多污染物的协同控制的研究还较为缺乏。面对京津冀地区各城市间的经济协同发展现状，加之 PM$_{2.5}$ 和臭氧为当前影响空气质量的主要因素及污染物在各地区间的自主传播，多区域多污染物的协同控制的研究是十分必要的。对于污染物的减排成本来说，宏观层面的经济成本主要由相关模型推导而出，CGE 模型对于评估污染减排对经济系统的影响是一种较为可取的方法。此外，当前关于污染物减排成本的研究主要集中于大尺度区域或者单一行业的层面上，且对 VOCs 的减排成本的研究较少。由于不同地区之间的经济结构及发展水平不同，评估不同城市的污染减排成本，对于区域间的联防联控及成本分摊等问题是十分重要的。

第二节　京津冀城市 CGE 模型构建

利用污染物固定减排比例下的环境保护税水平来衡量污染物的减排成本，故通过构建嵌入环境保护税的 CGE 模型来评估 NO_x 和 VOCs 的边际减排成本。由于以评估京津冀地区城市尺度的大气污染防控策略为目标，故构建的 CGE 模型为包含京津冀地区 13 个城市的城市层面多区域模型。CGE 模型的基本思想为实现供求关系的全局均衡，即保证生产者的供给和消费者的需求均衡。生产者主要指国民经济中的生产部门，消费者主要包括居民、政府和企业。本节构建的 CGE 模型的结构框架见图 8-1。该框架描述了商品中间投入、居民储蓄、企业储蓄、政府转移支付等社会要素在整个经济系统中的流动关系，反映了每个社会要素与经济系统中其他要素之间的联系，可用于评估某个社会要素变动对其他要素的影响。考虑到篇幅的限制，本节只重点介绍生产模块和排放模块。

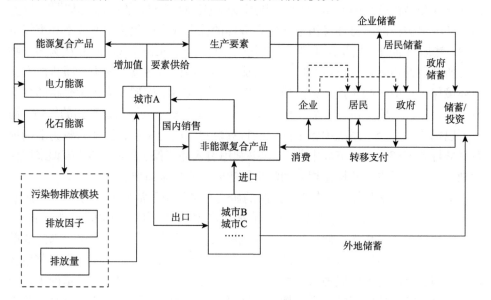

图 8-1　CGE 模型的结构框架

一、CGE 模型生产模块

企业生产中包含多种要素投入，且各要素之间的价格替代弹性并不相同，故构建含有多层嵌套关系的生产模块，通过详细刻画资本、能源、劳动和中间投入等要素的关系，尽可能准确地描述现实中生产部门的运行机制。生产模块的嵌套结构如图 8-2 所示，共包含五层嵌套关系，利用列昂惕夫生产函数描述非能源中间投入要素之间的替代关系，资本、能源和劳动三种生产要素的替代关系用 CES 函数进行刻画。

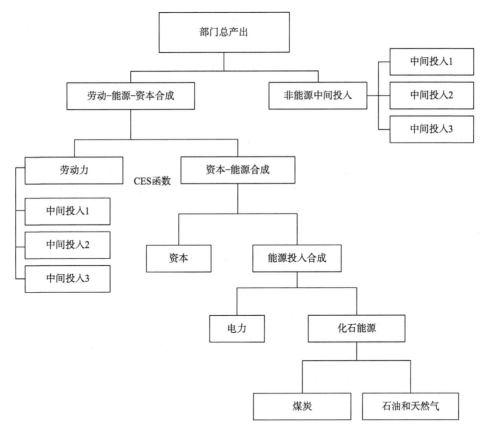

图 8-2　生产模块的嵌套结构

为深入描述能源和经济系统的联系，对能源投入进行了划分。首先，在第四层嵌套中将能源投入划分为电力和化石能源，因为化石能源之间的替代弹性大于化石能源和电力之间的替代弹性。其次，在第五层中，生产部门消耗的化石能源主要包含煤炭、石油和天然气，由于基础数据中将石油和天然气的行业数据进行了合并，故生产函数中归为一类，煤炭与石油和天然气的关系利用 CES 函数描述。此外，第三层的资本–能源合成也是利用 CES 函数复合资本和能源投入而来的，技术人员、生产工人和农业劳动力复合为劳动力总投入。第二层中的非能源中间投入是不能相互替代的，而是完全互补的关系，因此利用列昂惕夫生产函数表示中间投入要素之间的关系。

　　为节约篇幅，以第三层为例简单介绍具体的 CES 函数关系。按照成本最小化的生产模块构造原则，建立以下函数约束关系：

$$\min \mathrm{PCD} \cdot C_{i,r} + \mathrm{PE}_{i,r} \cdot E_{i,r} \tag{8-1}$$

$$\mathrm{CE}_{i,r} = \left[\delta_{i,r}^c \cdot C_{i,r}^{\rho_{i,r}^{ce}} + \delta_{i,r}^c (\alpha_{i,r}^e \cdot E_{i,r})^{\rho_{i,r}^{ce}} \right]^{\frac{1}{\rho_{i,r}^{ce}}} \tag{8-2}$$

$$E_{i,r} = \left[\frac{(\alpha_{i,r}^e)^{\rho_{i,r}^e} \cdot \delta_{i,r}^e \cdot \mathrm{PCE}_i}{\mathrm{PE}_{i,r}} \right]^{\frac{1}{1-\rho_{i,r}^{ce}}} \mathrm{CE}_{i,r} \tag{8-3}$$

$$C_{i,r} = \left[\frac{\delta_{i,r}^c \cdot \mathrm{PCE}_{i,r}}{\mathrm{PCD}} \right]^{\frac{1}{1-\rho_{i,r}^{ce}}} \mathrm{CE}_{i,r} \tag{8-4}$$

　　式（8-1）为保证投入的资本和能源的投入成本最小化，即 r 区域 i 部门投入的资本价值量和能源价值量之和最小，资本的价值量为资本的投入价格 PCD 与投入量 $C_{i,r}$ 的乘积，同样，能源的价值量为能源的投入价格 $\mathrm{PE}_{i,r}$ 与投入量 $E_{i,r}$ 的乘积；约束函数（8-2）即 CES 形式的生产函数，描述了 r 区域 i 部门的资本能源总量与资本投入量 $C_{i,r}$ 和能源投入量 $E_{i,r}$ 的函数关系，$\rho_{i,r}^{ce}$ 为资本投入与能源投入之间的替代弹性参数。对式（8-1）和式（8-2）求解，即可得到成本最小化条件下的资本和能源需求量的函数表达式 [式（8-3）和式（8-4）]。下面以第二层的非能源中间投入要素复合的生产函数为例，介绍列昂惕夫生产函数的关系式。式（8-5）为保证中间投入要素的成本消耗最小，式（8-6）为列昂惕夫生产函数，同样地，式（8-7）和式（8-8）为结果，即产出与某一要素的投入呈线性关系，产出的价格函数为中间投入要素的价格的加权平均值。

$$\min \mathrm{PX}_{i,r,n} \cdot X_{i,r,n} \tag{8-5}$$

$$\mathrm{CX}_{i,r} = \min_n \left\{ X_{i,r,1}, X_{i,r,2}, \cdots, X_{i,r,n} \right\} \tag{8-6}$$

$$\mathrm{CX}_{i,r} = b \cdot X_{i,r,n} \tag{8-7}$$

$$\mathrm{PCX}_{i,r} = \frac{\sum_n \mathrm{PX}_{i,r,n} \cdot X_{i,r,n}}{\mathrm{CX}_{i,r}} \tag{8-8}$$

二、CGE 模型排放模块

污染物的排放来自能源的燃烧，而生产、生活和投资等活动都会涉及能源的消耗，因此污染物的总排放量可由每项活动的能源消费量和相应的污染物排放系数的乘积之和度量。由于能源的消耗包括工业生产、能源投资、居民和政府消费四部分，故 NO$_x$ 和 VOCs 的来源主要为上述四部分。

$$NO_{xi,r} = \sum_j Efe_j \times ceo_{i,r,j}^{NO_x} \qquad (8\text{-}9)$$

$$TNO_{xr} = \sum_i NO_{xi,r} + \sum_j (HRD_{j,r} + HUD_{j,r} + GLD_{j,r} + GCD_{j,r} + INV_{j,r}) \times ceo_j^{NO_x}$$

$$(8\text{-}10)$$

$$VOCs_{i,r} = \sum_j Efe_j \times ceo_{i,r,j}^{VOCs} \qquad (8\text{-}11)$$

$$PVOCs_{i,r} = QX_{i,r} \times pceoVOCs_{i,r} \qquad (8\text{-}12)$$

$$TVOCs_r = \sum_i VOCs_{i,r} + \sum_j (HRD_{j,r} + HUD_{j,r} + GLD_{j,r} + GCD_{j,r} + INV_{j,r}) \times ceo_j^{VOCs}$$
$$+ PVOCs_{i,r}$$

$$(8\text{-}13)$$

其中，式（8-9）和式（8-11）度量了区域 r 中工业部门 i 产生的 NO$_x$ 和 VOCs 的数量；Efe$_j$ 表示能源 j 的消耗量，本节研究中的能源主要包括煤炭、石油和天然气；ceo$_{i,r,j}^{NO_x}$ 和 ceo$_{i,r,j}^{VOCs}$ 分别为能源 j 单位消耗量所排放的 NO$_x$ 和 VOCs 的数量，即排放系数。式（8-10）表示区域 r 中 NO$_x$ 的总排放量；$\sum_i NO_{xi,r}$ 为区域 r 中工业部门所产生的 NO$_x$ 的总量；HRD$_{j,r}$、HUD$_{j,r}$ 分别为区域 r 中农村居民和城镇居民对能源 j 的消耗量；GLD$_{j,r}$、GCD$_{j,r}$ 分别为地方政府和中央政府对能源 j 的消耗量；INV$_{j,r}$ 为能源投资量。同样，式（8-13）为 VOCs 的排放总量，其他的变量与式（8-10）中的含义相同。另外，由于过程排放也是 VOCs 的重要来源，如工业生产过程中溶剂的使用也会产生 VOCs，因此度量 VOCs 的排放量时需要考虑 VOCs 的过程排放。式（8-12）衡量了 VOCs 的过程排放，其中 QX$_{i,r}$ 为工业产出；pceoVOCs$_{i,r}$ 为过程排放系数。为了更加便捷具体地度量 NO$_x$ 和 VOCs 的排放量，本节的能源消耗量为价值量，相应的排放系数也为价值量的排放系数。

在确定污染物的排放量之后，相应的环境保护税即可以计算。式（8-14）表示区域 r 中所征收污染物 NO$_x$ 的税额 TAXNO$_{xr}$，其为 NO$_x$ 的总排放量 TNO$_{xr}$ 与相应税率 ETAXNO$_{xr}$ 的乘积，同样式（8-15）为 VOCs 的征收税额。通过设置不同的环境保护税率水平求解相应的减排比例即可得到污染物的边际减排成本，由于当前污染物的边际减排成本函数的形式应用较为广泛的是二次曲线形式[107]，故利用二次型函数形式对污染物的边际减排成本进行评估。

$$TAXNO_{xr} = ETAXNO_{xr} \times TNO_{xr} \qquad (8\text{-}14)$$

$$TAXVOCs_r = ETAXVOCs_r \times TVOCs_r \qquad (8\text{-}15)$$

第三节　京津冀共同前体物减排成本曲线

一、NO$_x$和VOCs边际减排成本评估

利用京津冀城市尺度 CGE 模型评估 NO$_x$ 和 VOCs 的边际减排成本，具体方法为依次设置不同水平的环境保护税率，比较得出各地区污染物相对于基准排放水平的减排比例，即可得到一组边际减排成本和对应减排比例的数据，进而利用回归分析的方法便可得到 NO$_x$ 和 VOCs 的边际减排成本函数及对应的边际减排成本曲线。图 8-3 为京津冀 13 个城市的 NO$_x$ 和 VOCs 的边际减排成本曲线。

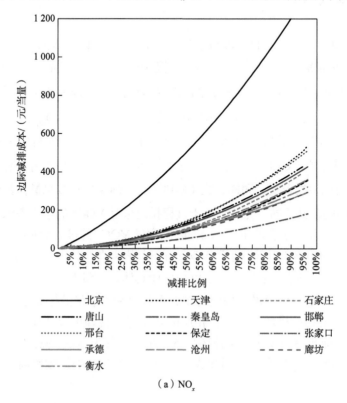

（a）NO$_x$

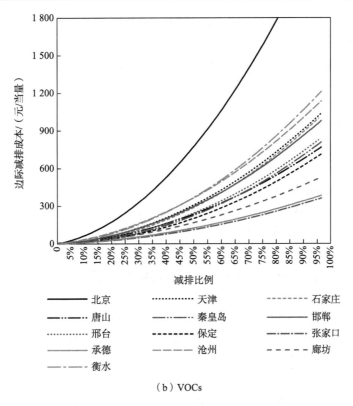

（b）VOCs

图 8-3 京津冀 13 个城市的 NO$_x$ 和 VOCs 的边际减排成本曲线

从图 8-3 中可以发现：随着减排比例的提高，NO$_x$ 和 VOCs 的边际减排成本是不断上升的，且边际减排成本的上升速度高于减排比例，即边际减排成本函数为凹函数。此外，相同减排比例下，NO$_x$ 的边际减排成本低于 VOCs。当减排比例为 50% 时，各城市 NO$_x$ 的边际减排成本不超过 515 元/当量，且主要集中在 90~150 元/当量范围内；各城市 VOCs 的边际减排成本最高值超过 750 元/当量，大部分城市的 VOCs 减排成本在 200~300 元/当量范围内。比较各城市的边际减排成本可以发现：北京 NO$_x$ 和 VOCs 的边际减排成本相对较高，且上升幅度最快，这与北京的经济发展状况和减排状况相符，北京各部门的经济运行联系较为紧密，一个部门的生产出现变化，整个经济系统就会受到较大的影响。天津和河北各城市的边际减排成本较低且差距较小，随着减排比例的上升差距逐渐增大。若通过减排成本来评估减排潜力，则张家口 NO$_x$ 和 VOCs 的减排潜力最大，因为相同减排比例下其边际减排成本最低。

通过对比现有的研究可以发现，利用自下而上和自上而下的方法构造出的污染物边际减排成本曲线多为二次凹函数形式[107~110]，即与本节构造的边际减排成本曲线形式相同。秦昌波等利用 CGE 模型评估得到：当 NO_x 总排放量减少 1.7% 时，NO_x 的税率为 5 040 元/吨，而本节相应的 NO_x 减排比例下的税率约为 5 991 元/吨[111]。刘昌新等作为为数不多的对 VOCs 税率进行研究的学者，其指出当 VOCs 的减排量为 5.05%时，间接税税率为 50%，按照其计算税额的方法，可计算出 VOCs 的税率约为 18.8 万元/吨，而本节对应的税率为 12.6 万元/吨[112]。与先前学者的研究存在偏差的原因可能包括以下三点：首先，各研究的基准年份不同，不同的基准方案的设置会使结果产生一定的偏差。其次，各研究关于替代参数的设置等基本假设可能存在偏差，这也是造成结果不同的一个原因。最后，直接税和间接税的税率值并不相同，所以导致 VOCs 的税率存在差距。总的来说，虽然与先前学者的研究结果存在差距，但是差值在可接受的范围内，故本节构造的边际减排成本曲线在上升趋势和数值上基本与先前学者的研究一致。

二、重点行业 NO_x 和 VOCs 边际减排成本评估

图 8-4 为京津冀 13 个城市的 NO_x 和 VOCs 分行业的边际减排成本曲线。可以发现，各行业的边际减排成本都随着减排比例的上升而增加，且边际减排成本的上升幅度高于减排比例，与区域层面的污染物边际减排成本曲线形式相似。整体来看，京津冀 13 个城市中，北京市 NO_x 和 VOCs 的边际减排成本相对其他城市来说整体较高，张家口 NO_x 和 VOCs 的边际减排成本相对其他城市来说整体较低。从行业的角度来说，京津冀地区各城市 NO_x 和 VOCs 的边际减排成本较高的行业主要为钢铁行业，水泥行业次之，说明京津冀地区大部分城市的发展对钢铁行业和水泥行业仍具有依赖性，若对这两个行业实行污染减排措施，则会对城市经济发展产生较大的影响。边际减排成本较低的行业主要为火电行业和石油炼焦行业，说明这两个行业的减排对整体经济的发展产生的影响较小，这可能与当前新能源的开发存在一定的关系。

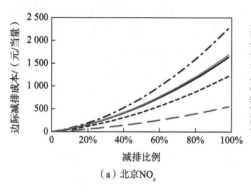

（a）北京NO_x

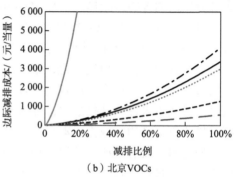

（b）北京VOCs

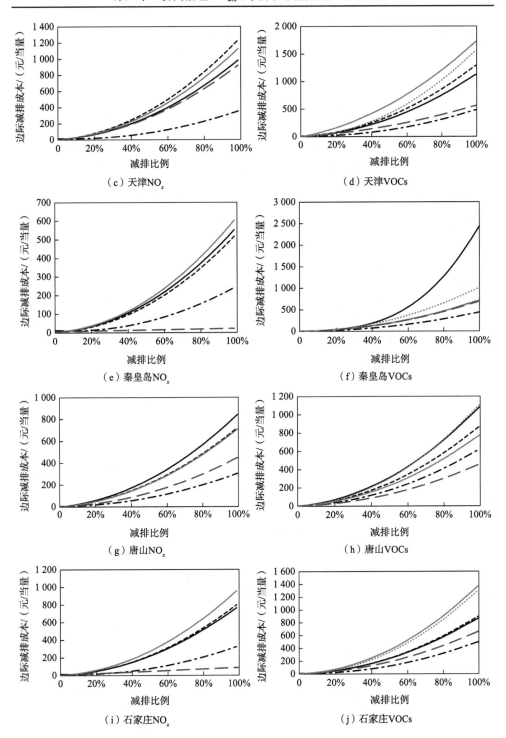

（c）天津NO$_x$

（d）天津VOCs

（e）秦皇岛NO$_x$

（f）秦皇岛VOCs

（g）唐山NO$_x$

（h）唐山VOCs

（i）石家庄NO$_x$

（j）石家庄VOCs

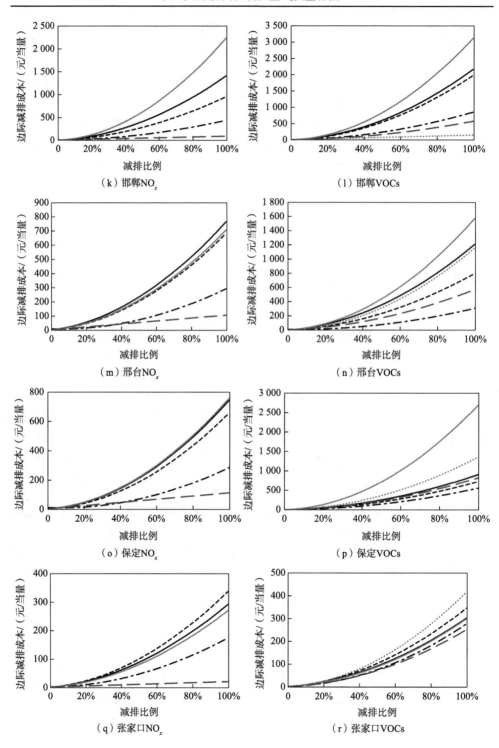

（k）邯郸NO$_x$

（l）邯郸VOCs

（m）邢台NO$_x$

（n）邢台VOCs

（o）保定NO$_x$

（p）保定VOCs

（q）张家口NO$_x$

（r）张家口VOCs

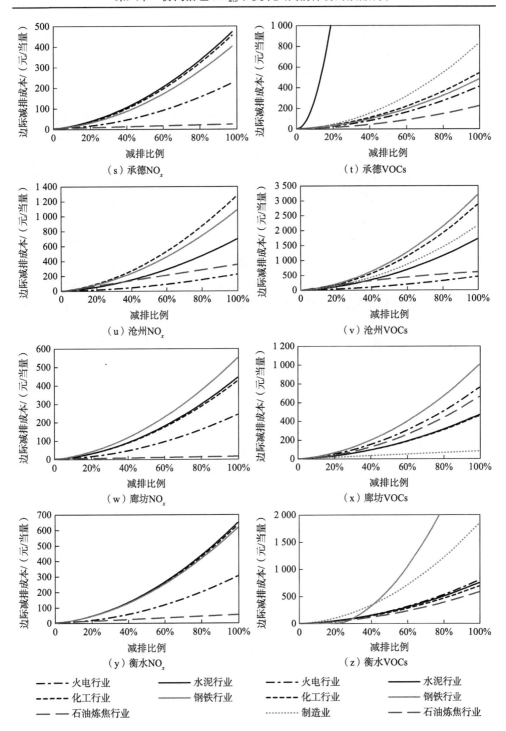

图 8-4 京津冀 13 个城市的 NO$_x$ 和 VOCs 分行业的边际减排成本曲线

此外，从城市的角度来看，由于各城市的经济结构和产业结构不同，因此同一行业在不同城市的污染物边际减排成本存在差异。其中，北京的 NO_x 重点排放行业中，当减排比例相同时，火电行业的边际减排成本较高，石油炼焦行业的边际减排成本相对最低，水泥行业和钢铁行业的边际减排成本差距不大。天津的 NO_x 重点排放行业中，当减排比例相同时，火电行业的边际减排成本最低，其余四个行业在减排比例小于35%时，边际减排成本的差距不大于35元/当量。石家庄的 NO_x 边际减排成本相对较高的为钢铁行业、水泥行业和化工行业，火电行业和石油炼焦行业的减排成本都较低，此外，秦皇岛、邯郸、保定和廊坊的钢铁行业的 NO_x 边际减排成本相较其他行业来说也较高，且这些城市的 NO_x 边际减排成本曲线的分布与石家庄相似，边际减排成本最高的是钢铁行业，后续为水泥行业、化工行业和火电行业，最低的为石油炼焦行业。唐山的 NO_x 边际减排成本较高的行业为水泥行业，化工和钢铁行业的边际减排成本基本相同。5个重点行业的 NO_x 边际减排成本差距较小，这从侧面说明，该地区的经济运行对减排政策的实施反应并不强烈。邢台受支柱型产业分布的影响，其水泥行业、化工行业和钢铁行业的 NO_x 减排对经济运行的影响较大，进而其边际减排成本较高。与邢台 NO_x 边际减排成本曲线分布相似的为承德和衡水，这些城市的石油炼焦行业在5个重点行业中减排成本最低。化工行业作为沧州的五大主导产业之一，当 NO_x 减排比例高于50%时，化工行业的 NO_x 减排成本已远高于其他行业，最大差距高达331.85元/当量。

观察各城市重点行业的 VOCs 边际减排成本曲线可以发现，北京钢铁行业 VOCs 的排放占比不足1%，这就导致了其 VOCs 边际减排成本明显高于其他行业。在减排比例低于30%时，火电行业、水泥行业和制造业的边际减排成本差距不超过150元/当量。天津的钢铁行业、制造业、化工行业和水泥行业的 VOCs 边际减排成本相对石油炼焦行业和火电行业数值较高且上升速度较快。当 VOCs 减排比例高于10%时，石家庄的各行业 VOCs 边际减排成本由高到低排序依次为钢铁行业、制造业、化工行业、水泥行业、石油炼焦行业和火电行业。此外，邯郸、邢台、保定、沧州、廊坊和衡水的钢铁行业的 VOCs 边际减排成本也高于其他行业，而唐山和张家口的制造业的边际减排成本较高，这与河北省第一支柱产业为钢铁行业有关，且与河北省为促进产业逐渐升级和发展动能的转换，大力提升制造业的投资也存在一定的联系。秦皇岛和承德的水泥行业的 VOCs 边际减排成本的上升速度明显高于其他行业，即水泥行业每增加一单位的减排对其经济系统产生的负效应更为明显。

第九章 京津冀地区 $PM_{2.5}$ 和臭氧协同控制方案

　　能否在合理范围内实现空气质量改善的目标、消耗的经济成本是否在合理范围内，是评估大气污染防治策略可行性的重要指标。本章以制定成本最优的 $PM_{2.5}$ 和臭氧协同控制策略为目的，基于污染物的减排成本函数和污染物间的响应关系，构建 $PM_{2.5}$ 和臭氧协同控制策略评估模型，探究令京津冀地区 $PM_{2.5}$ 和臭氧浓度达到《环境空气质量标准》（GB 3095—2012）且成本最优的 NO_x 和 VOCs 协同减排策略，并评估该策略的实施效果及成本消耗。在城市层面的减排策略基础上，进一步构建重点行业层面的协同减排策略模型，计算各城市重点行业的污染物减排比例，为大气污染联防联控提供更为微观的策略参考。

第一节 $PM_{2.5}$ 和臭氧协同控制研究现状

　　京津冀地区作为我国大气污染防治的重点区域，污染形势十分严峻。在京津冀协同发展的国家战略背景下，实现京津冀地区协同发展的新格局，提升人民的蓝天幸福感，需要高度重视 $PM_{2.5}$ 和臭氧的协同治理[113]。另外，由于京津冀地区污染形势和主导因素也与我国整体环境污染状况相似，探究京津冀地区 $PM_{2.5}$ 和臭氧协同控制策略的制定方法，不仅对于京津冀地区的经济发展具有重要意义，同时对于我国大气污染联防联控的策略制定也具有重要参考价值。

　　相关研究（参见文献[113~116]）表明，$PM_{2.5}$ 和臭氧的来源包括一次排放（天然源和人为源）、区域传输和二次转化，除一次来源外，$PM_{2.5}$ 和臭氧主要来源于二次转化，即由 NO_x、VOCs 和 SO_2 等前体物气相氧化和液相氧化反应而来，而 $PM_{2.5}$ 和臭氧二次转化的共同前体物为 NO_x 和 VOCs。相比于单纯地控制 $PM_{2.5}$ 的个别污染物，协同控制 NO_x 和 VOCs 的排放，对于京津冀地区 $PM_{2.5}$ 和臭氧协同治理更具可取性和重要性[117~119]。由于 $PM_{2.5}$ 和臭氧与 NO_x 和 VOCs 的转化关系非常复杂，不合理的减排比例甚至会造成污染物浓度的升高，因此如何确定 NO_x 和 VOCs 的具体减排比例，以实现京津冀地区 $PM_{2.5}$ 和臭氧浓度的协同达标，是目前大气污染联防联控政策制定的一项艰巨任务和挑战。

　　国际社会应用较为广泛的大气污染防控成本优化模型为：国际应用系统分析研究所研发的温室气体和空气污染协同作用模型（The Greenhouse Gas and Air Pollution Interactions and Synergies Model，GAINS）、日本国立环境研究所研发的亚太地区综合模型/终端能源消费（Asia-Pacific Integrated Model/Enduse，AIM/ Enduse）和美国环境保护署研发的控制策略工具（CoST）。但是，这些模型并不适合对中国城市区域污染物协同减排的研究，如 GAINS 模型，虽然其主要针对大气污染和气候变化问题，覆盖的污染物种类较多，但是无法解决污染物与其前体物存在响应关系的问题。为解决该问题，Xing 等将美国环境保护署开发的 ABaCAS（Air Pollution Control Cost-benefit and Attainment Assessment System，空气污染控制成本效益与达标评估系统）应用到中国的大气污染防治综合决策中[108]，构建了一套较为完整的科学决策系统，且其费效达标的路径优化模块已十分完整，但是该系统仍有局限性，如其计算的减排成本只考虑了技术端的成本而未纳入其他社会经济成本。给定 $PM_{2.5}$ 和臭氧预期浓度目标下，反算出满足目标的 NO_x 和 VOCs 的排放策略，并制定出成本最优的减排路径，以此实现两种污染物的协同达标。

第二节　$PM_{2.5}$ 和臭氧协同控制评估模型构建

　　本章的研究目的为制定京津冀地区 $PM_{2.5}$ 和臭氧协同控制策略，以期在达到空气质量目标的情况下，同时保证所制定的减排策略消耗的经济成本最小。当然，空气质量目标代表预期要达到的 $PM_{2.5}$ 和臭氧的浓度。考虑成本的减排策略的制定需要解决以下三个问题：第一，如何在不同的空气质量目标下快速制定相应的减排情景；第二，所制定的减排情景是否能够实现空气质量目标；第三，如何评估不同减排情景的成本。

　　针对以上评估减排策略合理性的三个问题，构建 $PM_{2.5}$ 和臭氧协同控制评估模型［式（9-1）~式（9-7）］，以期实现目标空气质量下的减排情景反算，并验证所制定的减排情景对空气质量目标的可实现性，最后保证确定的减排情景的成本消耗最小。整体上该模型为非线性优化模型，空气质量目标为约束条件，最小减排成本为目标函数。其中，空气质量目标可利用污染物间的响应关系表示，即若设置了空气质量目标，就可以通过污染物间的响应关系反算出污染物的排放量。

此外，由于区域间还存在污染物的传输效应[120]，故也将区域间的传输关系考虑在区域最终的空气质量内，以保证所制定的模型更加贴近大气污染来源的现实状况。

$$\min \text{TCost} = \sum_{r=1}^{n} \sum_{p=1}^{P} \text{Cost}_r^p \tag{9-1}$$

$$\text{st}: \text{Cost}_r^p = \text{MC}(x_r^p, \Delta x_r^p) \tag{9-2}$$

$$c_r^{O_3} = \text{RSM}^{O_3}(x_r^p, \Delta x_r^p) \tag{9-3}$$

$$c_r^{PM_{2.5}} = \text{RSM}^{PM_{2.5}}(x_r^p, \Delta x_r^p) \tag{9-4}$$

$$\boldsymbol{A}_{n \times n}[c_r^{O_3}]_{n \times 1} \leqslant [s_r^{O_3}]_{n \times 1} \tag{9-5}$$

$$\boldsymbol{B}_{n \times n}[c_r^{PM_{2.5}}]_{n \times 1} \leqslant [s_r^{PM_{2.5}}]_{n \times 1} \tag{9-6}$$

$$\Delta x_r^{NO_x} \leqslant x_r^{NO_x}, \Delta x_r^{VOCs} \leqslant x_r^{VOCs}, \Delta x_r^{NO_x}, \Delta x_r^{VOCs} x_r^{NO_x}, x_r^{VOCs} \geqslant 0 \tag{9-7}$$

目标函数式（9-1）表示保证总成本 TCost 最小，总成本为各区域污染物减排成本的总和，其中 n 为区域的总个数，P 为污染物的种类数，Cost_r^p 表示污染物 p（NO$_x$ 和 VOCs）在区域 r 的减排成本，其与污染物的基准排放量 x_r^p 和减排量 Δx_r^p 有关，式（9-2）为第八章第二节所述的减排成本函数。式（9-3）表示区域 r 中臭氧浓度对前体物 NO$_x$ 和 VOCs 排放比例的响应关系式，同样式（9-4）表示区域 r 中 PM$_{2.5}$ 浓度对前体物 NO$_x$ 和 VOCs 排放比例的响应关系式，函数 RSM^{O_3} 和 RSM$^{PM_{2.5}}$ 为污染物间的非线性响应关系函数。PM$_{2.5}$ 和臭氧的浓度不仅与本地区污染物的排放有关，还受到区域传输的影响，区域传输后各区域 PM$_{2.5}$ 和臭氧的最终浓度可用传输矩阵（$\boldsymbol{A}_{n \times n}$、$\boldsymbol{B}_{n \times n}$）与污染物的初始浓度的乘积表示。式（9-5）表示经过区域间传输后 n 个区域的最终臭氧浓度分别遵循标准浓度 $[s_r^{O_3}]_{n \times 1}$，$s_r^{O_3}$ 为区域 r 预期达到的空气质量目标中臭氧的浓度；同理式（9-6）表示 PM$_{2.5}$ 浓度需遵循初始设置的标准浓度 $s_r^{PM_{2.5}}$。$\Delta x_r^{NO_x} \leqslant x_r^{NO_x}$，$\Delta x_r^{VOCs} \leqslant x_r^{VOCs}$ 表示 NO$_x$ 与 VOCs 的减排量小于基准排放量，$\Delta x_r^{NO_x}, \Delta x_r^{VOCs} x_r^{NO_x}, x_r^{VOCs} \geqslant 0$，指明排放量和减排量是非负的，即式（9-7）为保证各变量遵循客观事实而设定的约束条件。同理，可以利用优化模型在各城市污染物最优减排比例的基础上，探究各城市重点行业的减排量。

第三节　PM$_{2.5}$ 和臭氧协同控制方案

一、京津冀 PM$_{2.5}$ 和臭氧协同减排成本评估

中国计划在 2035 年实现各城市空气质量达到《环境空气质量标准》（GB 3095—

2012），其中要求 PM$_{2.5}$ 浓度不超过 35 微克/米^3、臭氧浓度不超过 160 微克/米^3。因此，以实现京津冀地区 PM$_{2.5}$ 和臭氧浓度协同达到《环境空气质量标准》（GB 3095—2012）为目标，利用上述的 PM$_{2.5}$ 和臭氧协同控制评估模型，确定经济成本最小的京津冀地区的 NO$_x$ 和 VOCs 具体减排方案。本节的基准年份为 2017 年，将基准年份的排放数据和其他基础数据代入 PM$_{2.5}$ 和臭氧协同控制评估模型，进而测算出京津冀地区各城市 NO$_x$ 和 VOCs 所需的减排比例，且该减排方案所消耗的成本最小，具体结果如图 9-1 所示。

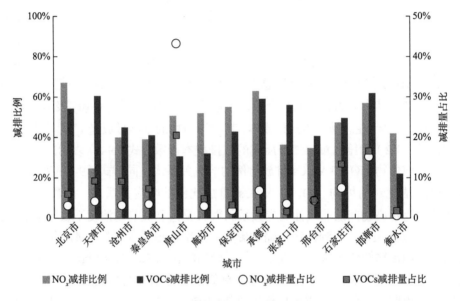

图 9-1　京津冀地区协同减排方案

为实现京津冀地区的 PM$_{2.5}$ 和臭氧协同达标，相较于 2017 年，京津冀各城市需要减少 NO$_x$ 和 VOCs 的排放比例分别为 25%~67% 和 22%~60%。从污染物的减排力度上来说，京津冀地区 13 个城市中，NO$_x$ 减排比例超过 60% 的城市为北京市和承德市，VOCs 减排比例超过 60% 的城市为天津市和邯郸市。从污染物类别上看，每个城市的 NO$_x$ 和 VOCs 减排比例差距不大，但是超过半数城市的 VOCs 减排比例高于 NO$_x$，特别是天津市的 VOCs 和 NO$_x$ 减排比例差值高于 30%。从区域的角度上来说，北京市两种污染物的减排比例全部超过 50%，与河北省承德市的减排比例较为接近；天津市的 VOCs 减排比例居于第二位，而 NO$_x$ 的减排比例居于末位；对于河北省来说，将河北省的城市分为东部（沧州市、秦皇岛市、唐山市、廊坊市和保定市）、北部（承德市和张家口市）和南部（邢台市、石家庄市、邯郸市和衡水市）三个区域，河北省东部城市相较于南部和北部来说，NO$_x$ 和 VOCs 的减排比例较小。为衡量各城市在协同减排任务中的责任，故计算了各城市的减排量占比，减排量占比即某城市的污染物减排量与该污染物在京津冀地区的总体减排量的比值。由于唐山市、石家庄市和邯郸市的排放量基数大，故其减排量居于前三位，尤其是唐山市，其 NO$_x$ 和 VOCs 的减排量占比都超过 20%，邯郸市的 NO$_x$ 和 VOCs 的减排量占比分别为 15.2%和 16.6%。对于北京市和天津市，NO$_x$ 的减排量占比较为接近，分别为 3.1%和 4.2%，VOCs 的减排量占比存在差距，分别为 5.9%和 9.2%，但是与唐山市和邯郸市相比，该减排量占比并不高。相较于北京市和天津市，河北省对于京津冀地区协同减排的责任更为重大。

　　基于边际减排成本曲线，本节评估了京津冀各城市 PM$_{2.5}$ 和臭氧达标时需要的总减排成本分别为：北京市 177.5 亿元，天津市 83.6 亿元，河北省 731.8 亿元。各城市的减排成本占本城市的生产总值的比例都不超过 1%，减排成本较高的前三个城市为唐山市、邯郸市和北京市，减排成本都超过 100 亿元。通过图 9-2 可以发现，京津冀地区 VOCs 的总减排成本高于 NO$_x$ 的总减排成本，VOCs 和 NO$_x$ 减排成本较高的城市（超过 70 亿元）分别为邯郸市、北京市、天津市、石家庄市和唐山市、邯郸市、北京市。

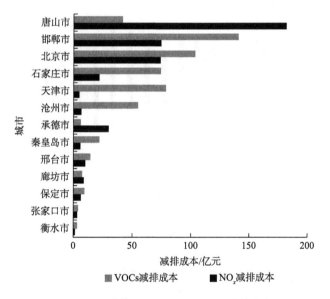

图 9-2　京津冀地区 NO$_x$ 和 VOCs 减排成本

　　为评估京津冀地区 PM$_{2.5}$ 和臭氧协同控制方案的实施效果，本节进一步预测了 NO$_x$ 和 VOCs 减排后 PM$_{2.5}$ 和臭氧的浓度。图 9-3 为京津冀地区 PM$_{2.5}$ 和臭氧浓度年均值的预测情况，可以看出北京市和天津市的臭氧浓度有较大的改善，约为 140 微克/米^3，河北省各城市臭氧浓度虽然未低于 150 微克/米^3，但都达到了《环境空气质量标准》（GB 3095—2012）。与臭氧的变化状况不同，河北省北部和南部的城市（除石家庄外）PM$_{2.5}$ 浓度相对较低，北京市、天津市和河北省东部大部分城市的 PM$_{2.5}$ 浓度在 30~32 微克/米^3 范围内，因此也均达到了目标。

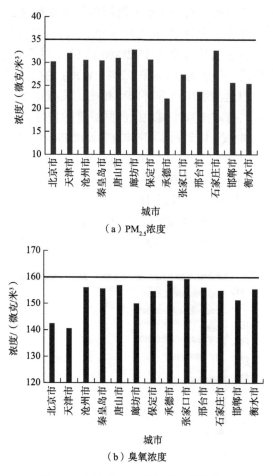

（a）PM$_{2.5}$浓度

（b）臭氧浓度

图 9-3　京津冀地区协同减排情景模拟

二、重点行业 PM$_{2.5}$ 和臭氧协同控制策略设计

上文介绍了京津冀地区协同减排策略，并对策略实施效果进行了模拟，但是上述减排策略仅局限于区域层面，对于具体减排方案的设计还相对宏观。本节拟以重点排放行业为研究对象,研究设计各重点行业减排成本最优的协同减排策略，以此达到京津冀区域协同减排方案更加趋向于微观层面的目的，从而对大气污染联防联控政策的制定更具参考意义。表 9-1 和表 9-2 为京津冀地区 13 个城市污染物减排比例位居前三的重点行业的减排情况。

表 9-1　京津冀地区重点行业的 NO$_x$ 减排比例

城市	行业	减排比例	城市	行业	减排比例
北京市	化工行业	78.00%	承德市	水泥行业	74.85%
	石油炼焦行业	78.00%		化工行业	69.94%
	水泥行业	74.06%		钢铁行业	63.33%
天津市	石油炼焦行业	44.14%	张家口市	水泥行业	50.74%
	化工行业	35.06%		化工行业	44.86%
	钢铁行业	32.45%		钢铁行业	36.24%
沧州市	钢铁行业	52.72%	邢台市	水泥行业	45.08%
	水泥行业	50.00%		钢铁行业	35.04%
	化工行业	49.77%		化工行业	30.61%
秦皇岛市	水泥行业	45.79%	石家庄市	石油炼焦行业	56.42%
	钢铁行业	42.85%		火电行业	55.00%
	火电行业	30.00%		钢铁行业	54.37%
唐山市	水泥行业	55.84%	邯郸市	石油炼焦行业	79.00%
	化工行业	55.38%		火电行业	77.72%
	钢铁行业	51.34%		水泥行业	70.33%
廊坊市	化工行业	59.07%	衡水市	钢铁行业	65.00%
	钢铁行业	58.19%		化工行业	64.05%
	水泥行业	55.72%		水泥行业	62.99%
保定市	钢铁行业	71.48%			
	火电行业	70.00%			
	水泥行业	64.70%			

表 9-2　京津冀地区重点行业的 VOCs 减排比例

城市	行业	减排比例	城市	行业	减排比例
北京市	石油炼焦行业	75.00%	沧州市	制造行业	66.28%
	化工行业	67.44%		化工行业	57.24%
	制造行业	45.52%		钢铁行业	50.61%
天津市	制造行业	70.00%	秦皇岛市	水泥行业	52.79%
	石油炼焦行业	51.76%		制造行业	40.00%
	化工行业	41.07%		钢铁行业	39.07%

城市	行业	减排比例	城市	行业	减排比例
唐山市	水泥行业	37.52%	邢台市	化工行业	71.00%
	化工行业	35.66%		石油炼焦行业	71.00%
	钢铁行业	33.83%		水泥行业	70.91%
廊坊市	制造行业	35.00%	石家庄市	水泥行业	82.05%
	化工行业	23.56%		石油炼焦行业	75.00%
	钢铁行业	22.12%		钢铁行业	67.12%
保定市	水泥行业	78.78%	邯郸市	化工行业	78.99%
	化工行业	74.23%		水泥行业	74.31%
	钢铁行业	42.14%		制造行业	66.93%
承德市	化工行业	70.00%	衡水市	化工行业	29.88%
	钢铁行业	69.18%		水泥行业	28.13%
	石油炼焦行业	60.00%		钢铁行业	25.00%
张家口市	水泥行业	70.00%			
	化工行业	63.82%			
	钢铁行业	58.12%			

　　各城市的产业结构存在差异，各行业的减排比例也存在差异。北京市石油炼焦行业 NO_x 和 VOCs 的减排比例最高，分别约为 78.00% 和 75.00%。受产业结构的影响，火电行业和钢铁行业的污染物排放量较少，故其减排比例相对其他行业来说较低。因此，北京市应重点控制石油炼焦行业的污染物排放，特别是 VOCs 的排放。天津市重点行业 NO_x 减排比例最高的行业为石油炼焦行业，其减排比例为 44.14%，VOCs 减排比例最高的行业为制造行业，其减排比例为 70.00%。

　　对于河北省的 11 个城市来说，NO_x 减排比例相对较高的城市为保定市、承德市、邯郸市和衡水市，其减排比例较高的前三个行业的减排比例都超过 60%，而 VOCs 的减排比例相对较高的城市为承德市、石家庄市、邯郸市和邢台市。从单独城市来看，唐山市的水泥行业 NO_x 和 VOCs 的减排比例最高，化工行业和钢铁行业次之，但三个行业的污染物减排比例的差距并不大，故唐山市应注重各行业污染物排放的全面调控。与唐山市减排结构相似的为张家口市，其重点行业的 NO_x 和 VOCs 减排比例较高的行业依次为水泥行业、化工行业和钢铁行业，但其水泥行业的减排比例与其他行业存在差距，故其应更加重视水泥行业的减排。水泥行业 NO_x 和 VOCs 的减排比例都为最高的城市还有秦皇岛市，且其水泥行业 NO_x 的减排比例与钢铁行业和火电行业的差值分别为 2.94%、15.79%，水泥行业 VOCs 的减排比例与制造行业和钢铁行业的差值分别为 12.79%、13.72%，可见秦皇岛市水泥行业的污染物减排比例远高于其他重点行业。此外，石家庄市的水泥行业的 VOCs 减排比例高达 82.05%，且其减排比例比第二名石油炼焦行业高 7.05%，第三名钢铁行业的 VOCs 减排比例为 67.12%。相对于 VOCs 来说，石家庄市 NO$_x$ 重点行业的减排比例较低且较为均衡，其 NO$_x$ 减排比例较高的行业分别为石油炼焦行业（56.42%）、火电行业（55.00%）和钢铁行业（54.37%）。保定市重点行业 NO$_x$ 和 VOCs 减排比例最高的分别为钢铁行业 71.48% 和水泥行业 78.78%，且水泥行业 NO$_x$ 的减排比例高于 60%，其污染物排放量也位于第二。因此，上述城市应加强水泥行业污染物的防控。其他城市中，承德市、邢台市、邯郸市和衡水市的化工行业的 VOCs 减排比例居于首位，且除衡水市外，其他 3 个城市的 VOCs 的减排比例在 70% 以上（含 70%），沧州市和廊坊市 VOCs 减排比例最高的重点行业为制造行业，且其减排比例远大于其他行业。与 VOCs 不同，承德市和邢台市的水泥行业 NO$_x$ 减排比例最高，衡水市和沧州市的 NO$_x$ 减排比例最高的重点行业为钢铁行业，而邯郸市和廊坊市的 NO$_x$ 减排比例最高的分别为石油炼焦行业和化工行业。

第四篇　空气质量补偿

第十章 京津冀地区 PM$_{2.5}$ 和臭氧协同控制健康效益

京津冀地区实施 PM$_{2.5}$ 和臭氧协同控制策略，会带来空气质量的改善进而产生一定的健康效益。本章首先基于暴露–响应关系，对 PM$_{2.5}$ 和臭氧浓度降低产生的健康效益进行评估；其次，利用统计生命价值法和疾病成本法，计算各健康终端的单位经济价值，以此将污染物浓度降低产生的健康效益进行货币化度量，从而得出 PM$_{2.5}$ 和臭氧协同控制策略实施后所产生的总健康效益；最后，对比协同控制策略的成本和健康效益的地区差异。

第一节 京津冀协同减排健康效益评估研究情况

大气污染防治措施通过改善空气质量，进而对人群的健康水平产生积极影响。相关研究证实，PM$_{2.5}$ 会损害人体呼吸系统和心血管系统健康[121]，臭氧会刺激人体的眼睛和呼吸道，减弱肺功能和造成肺组织损失[122]。外部环境空气污染已成为我国人口致死的第四大因素[123]。WHO 发布的《2018 年全球空气质量报告》显示，我国每年空气细颗粒物污染的人数为 200 万人。因此，大气污染的防治和治理对人体健康水平的提升具有重要作用。衡量政策制定的有效性，需要考虑政策实施的作用和效益，大气污染防治政策实施的直接效益体现为提高人群健康水平所增加的劳动力供给，进而产生一定的健康效益。

健康效益是指将上述污染物对人体健康产生的影响进行货币化度量，当前已有较多的学者对这一问题展开了研究，主要研究方法可以分为静态模型法和动态模型法两类[124]。静态模型法，主要在暴露–响应函数估计的健康损失的基础上，利用人力资本法、疾病成本法、统计生命价值法、条件价值评估法（contingent valuation method，CVM）和支付意愿法等对健康终端的损失进行经济度量。在评估大气污染对健康影响造成经济损失的研究初期，有较多学者使用了静态模型法进行研究。Ridker 利用人力资本法评估美国因空气污染产生的经济损失，该项研究对于空气污染的健康经济损失具有开创性意义[125]；Zmirou 等评估了法国因暴露于细颗粒物空气污染而产生的医疗数据，并利用疾病成本法将医疗数据转化为医疗和社会成本[126]。目前健康成本核算研究中较为常用的方法也是静态模型法，如Quah 和 Boon 利用统计生命价值法和疾病成本法估计了新加坡因 PM_{10} 污染造成的经济成本，总经济损失约占新加坡 1999 年 GDP 的 4.31%[127]。Patankar 和 Trivedi[128]、Carlsson 和 Martinsson[129]利用静态模型相关研究方法分别评估了孟买、瑞典的空气污染对经济产生的影响。

我国对于空气污染的健康效益的经济度量研究起步相对较晚，较早的研究为过孝民和张慧勤用人力资本法对我国 1981~1985 年大气污染产生的经济损失的评估[130]。近年来，我国已有较多学者展开了研究，黄德生和张世秋对京津冀地区展开了研究，发现当京津冀地区 2009 年 $PM_{2.5}$ 达到年均 35 微克/米^3 时，产生的健康效益总和可达 612 亿~2 560 亿元/年[131]；还有学者对我国个别城市，如北京市[132]、重庆市[133]的空气污染的健康效益进行了分析。动态模型法将污染产生的健康损失量化为劳动力损失，然后将这一损失反馈到资源配置和市场需求中，进而将健康损失产生的经济影响货币化。动态模型法主要为 CGE 模型和投入产出模型，马国霞等利用投入产出模型评估了成渝地区的大气污染治理成本和健康效益[134]。但现有研究多集中于 $PM_{2.5}$ 和臭氧两者中某一污染物对健康的影响，而当前两者都已成为影响我国空气质量水平的重要因素，评估两者的健康效益对于制定 $PM_{2.5}$ 和臭氧协同控制政策来说必不可少。故本章同时分析了 $PM_{2.5}$ 和臭氧的健康效益，为进一步对比分析本书所制定的减排策略的成本及效益提供支撑。

第二节　京津冀协同减排健康效益评估方法

一、评估方法

根据环境价值评估理论，评估污染物产生的健康效益大致分为以下两个步骤：首先，评估污染物对各个健康终端产生的影响；其次，将该影响进行货币化度量，以测算污染物对经济造成的影响。基于目前空气污染流行病学研究常用的暴露-响应关系，评估空气污染状况改善产生的健康效应。由于人口基数大，各健康终端发生概率低，其分布符合统计学上的泊松分布，故根据泊松回归的相对危险度模型推导出健康效益的变化量。该模型设定在特定污染物浓度下的人群健康风险可表示为

$$E = E_0 \times \exp[\beta(C - C_0)] \quad (10\text{-}1)$$

其中，E 为该污染物浓度下的人群健康风险；E_0 为污染物基准浓度下的人群健康风险；β 为暴露-响应系数，表示污染物浓度每上升 1 微克/米^3，人群发病率或死亡率上升的比率；C 为该污染物的实际浓度值；C_0 为污染物的基准浓度值，污染物在该浓度值时不会对人群的健康产生不利影响。基于式（10-1）可得到污染物浓度改变引起的人群健康风险变化 ΔE：

$$\Delta E = E - E_0 = E \times \{1 - 1/\exp[\beta(C - C_0)]\} \quad (10\text{-}2)$$

在此基础上，将暴露人口总数 P 代入，即可得到总暴露人群健康效益的变化量 I：

$$I = P \times \Delta E = P \times E \times \{1 - 1/\exp[\beta(C - C_0)]\} \quad (10\text{-}3)$$

由于本章所度量的健康效益为减排策略实施前后健康效益的变化量，故需在分别计算减排策略实施前后的健康效益之后，再取差求解，则协同减排策略实施后人群健康效益变化为

$$\Delta I = I_1 - I_2 = P \times E_1 \times \{1 - 1/\exp[\beta(C_1 - C_0)]\} - P \times E_2 \times \{1 - 1/\exp[\beta(C_2 - C_0)]\}$$
$$= P \times E_1 \times \{1 - 1/\exp[\beta(C_1 - C_2)]\}$$

$$(10\text{-}4)$$

其中，I_1 为减排策略实施前的健康效益；I_2 为减排策略实施后的健康效益；C_1 为减排策略实施前的污染物浓度；C_2 为减排策略实施后的污染物浓度。因此，在获得 E_1、β、C_1、C_2 的参数值后，即可评估协同减排策略引起的健康效益变化量。

污染的健康效益对经济产生的影响主要分为两部分：一是劳动力早逝造成的劳动力损失进而产生经济损失，二是劳动力患病造成的劳动时间损失和医疗费用支出。为此，本章针对健康效益产生的不同经济影响选择不同的评估方法，对于劳动力早逝造成的经济损失，采用统计生命价值法，评估公式如下：

$$CD_i = CD_B \times (DPI_i / DPI_B)^e \quad (10\text{-}5)$$

其中，CD_i 为京津冀地区 i 城市早逝居民的单位经济价值；CD_B 为北京市早逝居民的单位经济价值，该值参考黄德生和张世秋[131]的研究结果，并利用人均可支配收入的比值和效益转换方法进行转换；DPI_i 和 DPI_B 为 i 市和 2009 年北京市的人均可支配收入；e 为收入的弹性系数，通常取值为 1。

对于劳动力患病产生的经济损失，采用疾病成本法进行测算，测算公式为

$$CI_{ij} = CIH_{ij} + T_j \times GDP_i / 250 \quad (10\text{-}6)$$

其中，CI_{ij} 为 i 城市 j 健康终端的单位经济价值；CIH_{ij} 为 i 城市 j 健康终端的单位门诊或住院费用；T_j 为 j 健康终端误工时间，本章假设全年工作日为 250 天（按照一年 365 天，扣除双休日和法定节假日计算所得）；GDP_i 为 i 城市人均生产总值。

综上，即可计算出所有健康终端的单位经济价值，而污染物浓度下降对 i 城

市所产生的健康效益为健康终端的单位经济价值与其健康效益变化量的乘积之和，i城市的健康效益C_i具体计算公式如下：

$$C_i = \mathrm{CD}_i \times \Delta I_{iD} + \sum_j \mathrm{CI}_{ij} \times \Delta I_{ij} \qquad (10\text{-}7)$$

二、影响因子

评估大气污染产生的健康效益需首先确定污染因子、受影响的人群及健康终端，本章的污染因子为 $PM_{2.5}$ 和臭氧，而受影响的人群及健康终端的界定直接影响污染物产生的健康效益。因为健康效益的直接表现形式为健康终端发生率的变化，如污染物浓度上升引起呼吸系统患病人数上升，同时加大人口早逝风险。由于大气污染对人体的作用机制十分复杂，患者从表现亚临床症状、患病到死亡的全过程中都会受到污染物的影响，因此为准确评估 $PM_{2.5}$ 和臭氧浓度降低引起的健康效益变化量，本章先确定了与污染物有关的健康终端，并界定了暴露于污染中的人口范围。

对于健康终端的选择，主要按照以下两个原则：第一，选择与污染物存在定量关系的健康终端，该定量关系主要体现为暴露–响应关系；第二，选择数据充分的健康终端，这些数据主要为健康终端自身的计量指标，包括患病率、住院率和人均医疗费用等。受 $PM_{2.5}$ 和臭氧污染影响的健康终端主要为呼吸系统患病和循环系统患病等，但是考虑到不同污染物所影响的健康终端并不一致，故针对 $PM_{2.5}$ 和臭氧选取了不同的健康终端。本章按照上述原则并在参考国内外研究的基础上，最终确定了与空气污染高度相关的呼吸系统疾病、心血管疾病、慢性支气管炎、急性支气管炎、哮喘、内科和儿科作为 $PM_{2.5}$ 最终的健康终端，与臭氧相关的健康终端为呼吸系统疾病和心血管疾病。对于暴露人口的选择，由于本章参考的污染物浓度与健康终端的数据基本为年均水平数据，且对于某地区的暴露人口来说，只有在此地居住生活的人群才会受到本地污染物的影响，因此本章选取各城市的年末常住人口作为本城市的空气污染暴露人口。

第三节　京津冀协同减排健康效益

一、协同减排策略健康效益分析

基于暴露–响应系数和泊松回归的相对危险度模型，将污染物的浓度数据和健康效益的终端数据等代入，即可评估 PM$_{2.5}$ 和臭氧协同控制策略实施后，污染物浓度降低产生的健康效益。京津冀地区 PM$_{2.5}$ 浓度降低产生的健康效益结果如表 10-1 所示，可以发现，PM$_{2.5}$ 浓度降低对北京市、保定市、石家庄市、邯郸市和天津市 5 个城市的健康效益较大，这与北京市、天津市和石家庄市的人口密度大、暴露人口多有关，而保定市、石家庄市和邯郸市的 PM$_{2.5}$ 浓度相对较高，且降低幅度较大，故对这 3 个城市来说，PM$_{2.5}$ 污染控制对人群健康产生的正向影响更为明显。承德市、秦皇岛市和张家口市的 PM$_{2.5}$ 浓度降低产生的健康效益居于 13 个城市的后三位，这 3 个城市的污染物浓度降低幅度较小，加之暴露人口相较于其他城市存在一定差距，导致各城市的健康效益低于 3.2 万例，张家口市的健康效益甚至不超过 1.2 万例。此外，唐山市、沧州市和衡水市 PM$_{2.5}$ 浓度降低后产生的健康效益在 15 万例左右，廊坊市和邢台市的健康效益分别约为 8.671（3.687~15.698）万例和 26.428（11.645~42.810）万例。

表 10-1 京津冀地区 PM$_{2.5}$ 浓度降低产生的健康效益结果（一）（单位：万人）

城市	早逝	呼吸系统疾病住院	心血管疾病住院	儿科门诊
北京市	0.909 （0.241, 11.505）	0.862 （0, 1.722）	0.281 （0.178, 0.383）	6.374 （2.288, 10.531）
天津市	0.668 （0.177, 7.862）	0.666 （0, 1.329）	0.217 （0.138, 0.296）	4.929 （1.770, 8.140）
沧州市	0.497 （0.133, 4.994）	0.381 （0, 0.757）	0.124 （0.079, 0.169）	2.820 （1.014, 4.654）
秦皇岛市	0.086 （0.022, 2.178）	0.061 （0, 0.122）	0.020 （0.012, 0.027）	0.447 （0.160, 0.741）
唐山市	0.543 （0.145, 5.52）	0.393 （0, 0.782）	0.128 （0.081, 0.175）	2.912 （1.046, 4.805）
廊坊市	0.225 （0.059, 2.906）	0.184 （0, 0.368）	0.060 （0.038, 0.082）	1.361 （0.488, 2.249）
保定市	1.140 （0.310, 7.809）	0.878 （0, 1.728）	0.287 （0.183, 0.390）	6.531 （2.355, 10.740）
承德市	0.092 （0.024, 2.460）	0.066 （0, 0.132）	0.021 （0.014, 0.029）	0.484 （0.173, 0.802）
张家口市	0.027 （0.007, 2.178）	0.023 （0, 0.046）	0.007 （0.005, 0.010）	0.167 （0.060, 0.277）
邢台市	0.792 （0.216, 5.153）	0.582 （0, 1.145）	0.191 （0.121, 0.259）	4.337 （1.565, 7.128）
石家庄市	0.944 （0.257, 6.463）	0.818 （0, 1.610）	0.267 （0.170, 0.363）	6.083 （2.194, 10.004）
邯郸市	1.097 （0.301, 6.705）	0.805 （0, 1.580）	0.264 （0.168, 0.358）	6.004 （2.167, 9.860）
衡水市	0.399 （0.108, 2.815）	0.324 （0, 0.639）	0.106 （0.068, 0.144）	2.413 （0.870, 3.969）

续表

城市	内科门诊	慢性支气管炎	急性支气管炎	哮喘	健康效益总和
北京市	12.536 （6.928，17.856）	3.666 （1.450，5.271）	14.734 （5.404，22.662）	1.059 （0.738，1.370）	40.421 （17.227，71.299）
天津市	9.694 （5.359，13.806）	2.807 （1.118，4.014）	11.306 （4.169，17.302）	0.818 （0.570，1.057）	31.105 （13.301，53.806）
沧州市	5.549 （3.069，7.897）	1.568 （0.634，2.213）	6.348 （2.372，9.596）	0.466 （0.326，0.601）	17.753 （7.627，30.882）
秦皇岛市	0.879 （0.485，1.254）	0.275 （0.104，0.409）	1.088 （0.385，1.731）	0.075 （0.052，0.098）	2.931 （1.221，6.561）
唐山市	5.728 （3.169，8.153）	1.621 （0.655，2.292）	6.563 （2.45，9.932）	0.481 （0.336，0.621）	18.371 （7.883，32.279）
廊坊市	2.677 （1.479，3.813）	0.785 （0.310，1.130）	3.153 （1.155，4.857）	0.226 （0.158，0.293）	8.671 （3.687，15.698）
保定市	12.856 （7.125，18.264）	3.356 （1.430，4.553）	13.822 （5.391，20.105）	1.065 （0.748，1.366）	39.935 （17.542，64.956）
承德市	0.952 （0.525，1.358）	0.298 （0.113，0.445）	1.181 （0.417，1.882）	0.081 （0.056，0.106）	3.175 （1.322，7.214）
张家口市	0.328 （0.181，0.469）	0.108 （0.039，0.165）	0.421 （0.145，0.687）	0.028 （0.020，0.037）	1.110 （0.457，3.868）
邢台市	8.538 （4.733，12.125）	2.199 （0.945，2.965）	9.085 （3.569，13.131）	0.705 （0.496，0.904）	26.428 （11.645，42.810）
石家庄市	11.975 （6.637，17.012）	3.125 （1.332，4.240）	12.873 （5.021，18.723）	0.992 （0.697，1.273）	37.078 （16.308，59.687）
邯郸市	11.821 （6.557，16.781）	2.993 （1.301，4.001）	12.408 （4.920，17.789）	0.974 （0.685，1.247）	36.366 （16.099，58.322）
衡水市	4.749 （2.632，6.748）	1.249 （0.530，1.701）	5.136 （1.995，7.498）	0.394 （0.276，0.506）	14.770 （6.478，24.019）

京津冀地区臭氧浓度降低产生的健康效益结果如表 10-2 所示，臭氧浓度降低对北京市产生的健康效益远大于京津冀地区其他城市，为 4.130（2.557~5.647）万例，天津市、保定市和石家庄市次之。邯郸市、邢台市、沧州市、唐山市和廊坊市的健康效益超过 1 万例，衡水市的健康效益为 0.608（0.374~0.836）万例，张家口市、秦皇岛市和承德市的健康效益不足 0.5 万例。对比 PM$_{2.5}$ 和臭氧浓度降低产生的健康效益结果，可以发现京津冀地区 13 个城市的排名大致相同，如北京市、天津市、石家庄市、保定市和邯郸市居于前列，承德市、秦皇岛市和张家口市居于后位。此外，由于 PM$_{2.5}$ 的健康终端种类较多，且 PM$_{2.5}$ 和臭氧的同一健康终端的暴露–响应系数存在一定差距，两种污染物浓度降低幅度也并非完全一致，因此 PM$_{2.5}$ 和臭氧协同控制策略实施后，京津冀地区 PM$_{2.5}$ 浓度降低产生的健康效益远大于臭氧，其差值为 258.178（108.459~444.131）万例。

表10-2　京津冀地区臭氧浓度降低产生的健康效益结果（一）（单位：万人）

城市	早逝	呼吸系统疾病住院	心血管疾病住院	健康效益总和
北京市	0.139 （0.075，0.202）	3.039 （2.108，3.937）	0.953 （0.374，1.509）	4.130 （2.557，5.647）
天津市	0.096 （0.052，0.140）	2.214 （1.537，2.868）	0.695 （0.273，1.099）	3.005 （1.862，4.108）
沧州市	0.052 （0.028，0.076）	0.924 （0.640，1.200）	0.289 （0.113，0.459）	1.265 （0.781，1.735）
秦皇岛市	0.004 （0.002，0.006）	0.075 （0.051，0.099）	0.023 （0.009，0.037）	0.102 （0.063，0.142）
唐山市	0.053 （0.029，0.077）	0.885 （0.612，1.151）	0.276 （0.108，0.439）	1.214 （0.749，1.667）
廊坊市	0.039 （0.021，0.057）	0.743 （0.517，0.960）	0.234 （0.092，0.369）	1.016 （0.630，1.387）
保定市	0.118 （0.064，0.171）	2.018 （1.406，2.604）	0.636 （0.251，1.003）	2.772 （1.721，3.778）
承德市	0.002 （0.001，0.003）	0.034 （0.023，0.045）	0.011 （0.004，0.017）	0.047 （0.028，0.065）
张家口市	0.014 （0.007，0.020）	0.274 （0.188，0.358）	0.085 （0.033，0.136）	0.372 （0.228，0.514）
邢台市	0.058 （0.031，0.084）	0.957 （0.663，1.241）	0.299 （0.117，0.475）	1.314 （0.812，1.800）
石家庄市	0.086 （0.047，0.126）	1.678 （1.166，2.170）	0.527 （0.207，0.833）	2.292 （1.421，3.129）
邯郸市	0.079 （0.043，0.116）	1.309 （0.908，1.697）	0.410 （0.161，0.650）	1.799 （1.112，2.462）
衡水市	0.024 （0.013，0.035）	0.445 （0.307，0.580）	0.139 （0.054，0.221）	0.608 （0.374，0.836）

　　从不同健康终端的健康效益结果来看，各健康终端对污染物浓度降低的反应程度也存在差别。PM$_{2.5}$浓度降低对京津冀地区不同健康终端产生的归因总数为278.114（120.797~471.401）万例，其中急性支气管炎患病减少98.118（37.384~145.895）万例，慢性支气管炎患病减少24.050（9.961~33.399）万例，内科门诊减少88.282（48.879~125.536）万例，儿科门诊减少44.862（16.150~73.900）万例，其占PM$_{2.5}$浓度降低产生的总健康效益的比值分别为35.28%、8.65%、31.74%和16.13%，其余健康终端受益人数均小于7.5万人，占比均小于3%。臭氧浓度降低对京津冀地区不同健康终端产生的归因总数为19.936（12.338~27.270）万例，其中早逝人数减少0.764（0.413~1.113）万例，呼吸系统疾病患病减少14.595（10.126~18.910）万例，心血管疾病患病减少4.577（1.796~7.247）万例，占比分别为3.83%、73.21%和22.96%。总的来说，PM$_{2.5}$浓度降低对急性支气管炎患病和内科门诊人数产生的正向影响较大，而臭氧浓度降低产生的健康效益最高的为呼吸系统疾

病，但是无论从哪一健康终端的受益情况来看，PM$_{2.5}$和臭氧浓度降低对京津冀地区人群健康水平提升均是十分有益的。

二、协同减排策略健康效益及成本效益分析

基于上文中的 PM$_{2.5}$ 和臭氧浓度降低所产生的健康效益，利用统计生命价值法和疾病成本法对健康效益进行货币化度量，进而分析 PM$_{2.5}$ 和臭氧协同控制策略的减排成本与健康效益的比值。首先，评估各健康终端的单位经济价值，主要利用统计生命价值法评估早逝人群的单位经济价值，利用疾病成本法测算呼吸系统疾病等其他健康终端的单位经济价值。由于慢性支气管炎患者一般难以痊愈，且患病时间难以确定，不宜采用疾病成本法，而 Viscusi 等研究发现慢性支气管炎与统计生命价值法存在定量关系[135]，故取 Viscusi 等[135]、陈晓兰[136]研究结果的中间值，设定慢性支气管炎的单位经济价值为统计生命价值法的 40%；对于急性支气管炎和哮喘的单位经济价值，参考黄德生和张世秋的研究结果及综合各城市人均可支配收入，利用效益转换法计算得出[131]。最终各健康终端的单位经济价值结果如表 10-3 所示。

表 10-3　京津冀地区 PM$_{2.5}$ 和臭氧健康终端的单位经济价值

城市	早逝/（万元/人）	呼吸系统疾病住院/（元/人）	心血管疾病住院/（元/人）	儿科门诊/（元/人）	内科门诊/（元/人）	慢性支气管炎/（万元/人）	急性支气管炎/（元/人）	哮喘/（元/人）
北京市	331.25	19 053.57	32 924.05	307.93	611.85	132.50	5 695.39	4 192.33
天津市	219.50	15 373.04	26 362.89	269.09	521.86	87.80	3 890.36	2 863.87
沧州市	126.58	7 757.76	13 430.01	124.04	249.08	50.63	2 739.00	2 016.18
秦皇岛市	133.24	7 998.17	13 899.05	120.57	243.99	53.30	2 475.43	1 822.04
唐山市	164.74	10 406.28	17 917.72	179.86	357.70	65.90	2 792.52	2 055.47
廊坊市	162.08	9 822.19	17 039.08	152.18	306.84	64.83	3 490.11	2 569.11
保定市	116.45	6 230.19	11 070.75	60.13	130.90	46.58	3 764.04	2 770.89
承德市	105.27	6 423.02	11 128.39	101.45	204.03	42.11	3 315.83	2 440.90
张家口市	116.12	6 636.92	11 640.56	85.23	176.52	46.45	2 824.69	2 079.32
邢台市	107.02	6 076.60	10 671.35	76.16	158.33	42.81	2 485.67	1 829.71
石家庄市	146.15	8 995.09	15 560.23	145.46	291.67	58.46	2 779.84	2 046.17
邯郸市	125.50	7 299.77	12 760.50	99.64	204.48	50.20	2 369.18	1 743.93
衡水市	106.74	6 272.85	10 944.11	88.57	180.87	42.70	2 981.19	2 194.45

　　其次，基于京津冀地区各城市健康终端的单位经济价值，评估 PM$_{2.5}$ 和臭氧协同控制策略实施后所产生的健康效益的经济价值，具体结果见表 10-4 和表 10-5。PM$_{2.5}$ 和臭氧浓度降低后对京津冀地区所产生的健康效益总值为 3 045.111 0（1 098.787 0~14 502.500 0）亿元，占京津冀地区 2017 年生产总值的 3.8%，其中 PM$_{2.5}$ 浓度降低产生的健康效益为 2 883.618 4（1 009.939 3~14 269.097 6）亿元，臭氧浓度降低产生的健康效益为 161.493 0（88.847 6~233.402 8）亿元。图 10-1 为 PM$_{2.5}$ 和臭氧浓度降低对各城市产生的健康效益占京津冀地区各污染物浓度降低产生的总健康效益的比例，从污染物角度来看，PM$_{2.5}$ 和臭氧浓度降低对各城市产生的健康效益占比相似。且从京津冀地区各城市的健康效益来看，北京市的健康效益最大，天津市、石家庄市、保定市和邯郸市次之，该结果与上文健康效益的估值排名大致相似，这是京津冀地区各城市大气污染程度、污染暴露人口数量及经济发展状况差异综合作用的结果。

表 10-4　京津冀地区 PM$_{2.5}$ 浓度降低产生的健康效益结果（二）（单位：亿元）

城市	早逝	呼吸系统疾病住院	心血管疾病住院	儿科门诊	内科门诊
北京市	301.261 3 （79.733 6, 3 810.978 2）	1.643 1 （0, 3.280 3）	0.924 2 （0.586 4, 1.259 5）	0.196 3 （0.070 4, 0.324 3）	0.767 0 （0.423 9, 1.092 5）
天津市	146.707 4 （38.920 6, 1 725.751 2）	1.024 6 （0, 2.043 0）	0.572 2 （0.363 2, 0.779 6）	0.132 6 （0.047 6, 0.219 0）	0.505 9 （0.279 7, 0.720 5）
沧州市	62.963 8 （16.802 0, 632.095 1）	0.295 4 （0, 0.587 4）	0.166 7 （0.105 9, 0.227 0）	0.035 0 （0.012 6, 0.057 7）	0.138 2 （0.076 5, 0.196 7）
秦皇岛市	11.440 8 （2.981 5, 290.242 4）	0.048 6 （0, 0.097 8）	0.027 4 （0.017 4, 0.037 4）	0.005 4 （0.001 9, 0.008 9）	0.021 5 （0.011 8, 0.030 6）
唐山市	89.511 5 （23.875 0, 909.371 5）	0.409 2 （0, 0.813 7）	0.229 7 （0.145 9, 0.312 7）	0.052 4 （0.018 8, 0.086 4）	0.204 9 （0.113 3, 0.291 6）
廊坊市	36.433 1 （9.636 1, 471.044 8）	0.180 9 （0, 0.361 3）	0.102 1 （0.064 8, 0.139 2）	0.020 7 （0.007 4, 0.034 2）	0.082 1 （0.045 4, 0.117 0）
保定市	132.749 0 （36.107 7, 909.385 1）	0.546 8 （0, 1.076 6）	0.317 9 （0.202 4, 0.431 9）	0.039 3 （0.014 2, 0.064 6）	0.168 3 （0.093 3, 0.239 1）
承德市	9.651 5 （2.513 1, 258.911 7）	0.042 2 （0, 0.085 0）	0.023 7 （0.015 0, 0.032 4）	0.004 9 （0.001 8, 0.008 1）	0.019 4 （0.010 7, 0.027 7）
张家口市	3.171 6 （0.817 5, 252.874 2）	0.015 1 （0, 0.030 6）	0.008 6 （0.005 4, 0.011 7）	0.001 4 （0.000 5, 0.002 4）	0.005 8 （0.003 2, 0.008 3）
邢台市	84.710 8 （23.115 6, 551.508 0）	0.353 9 （0, 0.695 6）	0.203 5 （0.129 6, 0.276 3）	0.033 0 （0.011 9, 0.054 3）	0.135 2 （0.074 9, 0.192 0）
石家庄市	137.992 9 （37.535 9, 944.529 8）	0.735 4 （0, 1.447 8）	0.416 2 （0.265 0, 0.565 5）	0.088 5 （0.031 9, 0.145 5）	0.349 3 （0.193 6, 0.496 2）
邯郸市	137.676 1 （37.728 9, 841.539 3）	0.587 9 （0, 1.153 1）	0.336 7 （0.214 5, 0.457 1）	0.059 8 （0.021 6, 0.098 3）	0.241 7 （0.134 1, 0.343 1）
衡水市	42.548 5 （11.552 0, 300.432 5）	0.203 5 （0, 0.401 0）	0.116 1 （0.073 9, 0.157 8）	0.021 4 （0.007 7, 0.035 2）	0.085 9 （0.047 6, 0.122 0）

续表

城市	慢性支气管炎	急性支气管炎	哮喘	健康效益总和
北京市	485.740 2 （192.133 0，698.402 6）	8.391 3 （3.077 6，12.907 1）	0.444 1 （0.309 4，0.574 4）	799.367 5 （276.334 4，4 528.818 9）
天津市	246.441 8 （98.123 3，352.467 7）	4.398 3 （1.621 9，6.731 3）	0.234 2 （0.163 3，0.302 7）	400.017 0 （139.519 5，2 089.015 0）
沧州市	79.364 7 （32.114 8，112.058 7）	1.738 7 （0.649 7，2.628 4）	0.094 0 （0.065 6，0.121 3）	144.796 6 （49.827 1，747.972 3）
秦皇岛市	14.640 1 （5.543 5，21.815 2）	0.269 3 （0.095 3，0.428 5）	0.013 7 （0.009 5，0.017 8）	26.466 7 （8.661 0，312.678 6）
唐山市	106.849 3 （43.179 9，151.021 5）	1.832 9 （0.684 2，2.773 5）	0.098 9 （0.069 1，0.127 7）	199.188 8 （68.086 2，1 064.798 8）
廊坊市	50.895 9 （20.093 8，73.289 7）	1.100 5 （0.403 0，1.695 1）	0.058 1 （0.040 5，0.075 2）	88.873 4 （30.291 0，546.756 6）
保定市	156.314 2 （66.602 1，212.075 3）	5.202 8 （2.029 3，7.567 7）	0.295 0 （0.207 2，0.378 6）	295.633 3 （105.256 1，1 131.218 9）
承德市	12.562 1 （4.745 5，18.755 7）	0.391 5 （0.138 3，0.624 0）	0.019 9 （0.013 8，0.025 8）	22.715 3 （7.438 2，278.470 5）
张家口市	4.994 3 （1.832 3，7.642 3）	0.119 0 （0.041 1，0.194 1）	0.005 9 （0.004 1，0.007 7）	8.321 7 （2.704 1，260.771 1）
邢台市	94.152 4 （40.459 6，126.923 0）	2.258 1 （0.887 0，3.264 0）	0.129 1 （0.090 7，0.165 5）	181.975 9 （64.769 4，683.078 6）
石家庄市	182.704 4 （77.856 9，247.854 3）	3.578 5 （1.395 9，5.204 6）	0.202 9 （0.142 5，0.260 4）	326.068 2 （117.421 7，1 200.504 1）
邯郸市	150.261 1 （65.297 9，200.878 7）	2.939 6 （1.165 6，4.214 5）	0.169 8 （0.119 5，0.217 4）	292.272 9 （104.682 1，1 048.901 4）
衡水市	53.328 1 （22.611 7，72.618 1）	1.531 2 （0.594 8，2.235 2）	0.086 4 （0.060 7，0.111 0）	97.921 1 （34.948 5，376.112 8）

表 10-5　京津冀地区臭氧浓度降低产生的健康效益结果（二）（单位：亿元）

城市	早逝	呼吸系统疾病住院	心血管疾病住院	健康效益总和
北京市	45.957 8 （24.963 0，66.836 2）	5.789 9 （4.017 0，7.501 1）	3.136 6 （1.230 8，4.966 8）	54.884 3 （30.210 8，79.304 1）
天津市	21.162 8 （11.495 6，30.775 5）	3.404 2 （2.362 5，4.409 1）	1.830 9 （0.718 7，2.898 3）	26.397 9 （14.576 8，38.082 9）
沧州市	6.618 2 （3.593 5，9.628 4）	0.717 0 （0.496 3，0.930 9）	0.388 0 （0.151 8，0.616 0）	7.723 2 （4.241 6，11.175 3）
秦皇岛市	0.579 6 （0.314 1，0.844 8）	0.060 0 （0.041 0，0.078 9）	0.032 1 （0.012 4，0.051 7）	0.671 7 （0.367 5，0.975 4）
唐山市	8.693 9 （4.719 6，12.650 8）	0.921 3 （0.636 9，1.197 8）	0.495 0 （0.193 5，0.787 1）	10.110 2 （5.550 0，14.635 7）
廊坊市	6.398 4 （3.476 6，9.301 8）	0.729 7 （0.507 4，0.943 4）	0.398 0 （0.156 6，0.628 7）	7.526 1 （4.140 6，10.873 9）

续表

城市	早逝	呼吸系统疾病住院	心血管疾病住院	健康效益总和
保定市	13.690 5 （7.441 5，19.896 3）	1.257 5 （0.876 2，1.622 3）	0.704 4 （0.277 8，1.110 0）	15.652 4 （8.595 5，22.628 6）
承德市	0.204 8 （0.111 0，0.298 7）	0.022 0 （0.015 0，0.028 9）	0.011 7 （0.004 5，0.018 9）	0.238 5 （0.130 5，0.346 5）
张家口市	1.571 8 （0.852 4，2.289 4）	0.181 8 （0.124 9，0.237 8）	0.098 7 （0.038 3，0.158 0）	1.852 3 （1.015 6，2.685 2）
邢台市	6.161 3 （3.346 0，8.962 1）	0.581 4 （0.402 9，0.754 2）	0.319 6 （0.125 2，0.506 8）	7.062 3 （3.874 1，10.223 1）
石家庄市	12.616 2 （6.854 8，18.342 2）	1.509 5 （1.049 2，1.952 1）	0.820 6 （0.322 7，1.296 7）	14.946 3 （8.226 7，21.591 0）
邯郸市	9.970 5 （5.415 4，14.500 8）	0.955 7 （0.662 9，1.238 5）	0.523 6 （0.205 4，0.829 3）	11.449 8 （6.283 7，16.568 6）
衡水市	2.546 8 （1.382 2，3.706 9）	0.279 4 （0.192 8，0.363 8）	0.151 8 （0.059 2，0.241 8）	2.978 0 （1.634 2，4.312 5）

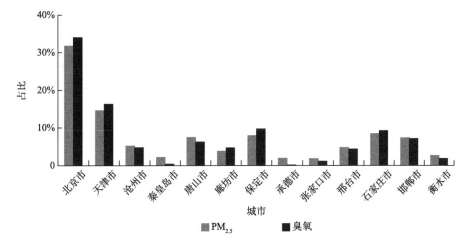

图 10-1　京津冀地区各城市 PM$_{2.5}$ 和臭氧浓度降低产生的健康效益占比

从健康终端来看，虽然急性支气管炎患病、儿科门诊和内科门诊的健康效益远高于慢性支气管炎，但是早逝和慢性支气管炎的单位经济价值较高，导致早逝和慢性支气管炎的健康效益对 PM$_{2.5}$ 浓度降低产生的总健康效益的贡献率远高于急性支气管炎及儿科门诊和内科门诊。早逝和慢性支气管炎的贡献率分别为 41.50% 和 56.81%，其余健康终端除急性支气管炎外，贡献率均不足 0.1%。同样地，由于早逝的单位经济价值较高，所以与臭氧有关的三种健康终端的健康效益占臭氧浓度改善产生的总健康效益的比值差距较大，其中早逝的比值最大，为 84.32%，呼吸系统疾病住院为 10.16%，心血管疾病住院为 5.52%。

　　将 $PM_{2.5}$ 和臭氧协同控制策略产生的健康效益与消耗的减排成本进行比较，其比值结果见表 10-6，整体上京津冀地区的健康效益与减排成本的比值为 3.07，即本章的 $PM_{2.5}$ 和臭氧协同控制策略是可取的，且长期来看其获取的收益是正向的。另外，由于各城市的经济发展水平和环境污染水平不同，再加上影响减排成本和健康效益的因素较为复杂，所以各城市的健康效益与减排成本比值存在较大差距。其中，比值超过 10 的城市为衡水市和保定市，比值在 5~10 的城市为邢台市、廊坊市和天津市，比值在 1~5 的城市为北京市、石家庄市、沧州市、张家口市和邯郸市，比值低于 1 的城市为秦皇岛市、唐山市和承德市，唐山市比值小于1 是由于其减排成本较大造成的，而秦皇岛市和承德市比值小于 1 是由于其暴露人口较少从而健康效益较低造成的。比值大于 1 的城市说明该城市获得了正向收益，低于 1 的城市获取的收益为负，这说明虽然当前 $PM_{2.5}$ 和臭氧协同控制策略值得实施，但是仍需要考虑区域间的公平性，由此本结果可以为大气污染联防联控补偿机制的相关研究提供参考。

表 10-6　健康效益与减排成本比较

城市	健康效益/减排成本	城市	健康效益/减排成本
北京市	4.81	承德市	0.63
天津市	5.10	张家口市	1.32
沧州市	2.47	邢台市	7.60
秦皇岛市	0.96	石家庄市	3.54
唐山市	0.93	邯郸市	1.41
廊坊市	5.83	衡水市	21.11
保定市	19.23	总比值	3.07

第十一章　空气质量补偿办法实施效果评估：以河北省为例

大气污染呈现跨区域特征，区域联防联控是大气污染治理的关键，但面临着大气污染治理的生态效益外部性问题。生态补偿制度可以通过平衡大气污染治理过程中各参与方的利益，在一定程度上缓解大气污染治理过程中的生态效益外部性问题。本章以 2018 年河北省试行的空气质量补偿办法为研究对象，使用双重差分模型对河北省空气质量补偿办法的实施效果进行定量评估。实证结果表明，河北省空气质量补偿办法中的补偿资金惩罚对于 AQI 及 SO_2、$PM_{2.5}$ 和 PM_{10} 浓度水平的下降有一定的促进作用，而补偿资金奖励则没有明显的激励效果，说明河北省现行空气质量补偿办法可以在一定程度上促进空气质量改善，但仍存在完善的空间。本章进一步将河北省与各地现有的空气质量补偿办法进行横向对比，探讨空气质量补偿办法的完善方向，建议各地在建立或完善空气质量补偿办法时审慎考量如何确定补偿双方主体、如何制定合理科学的补偿标准及制定长效的补偿机制等问题。

第一节　空气质量补偿办法现状及研究现状

党的十九大提出打赢蓝天保卫战的重大战略决策，要求以京津冀及周边地区等区域为重点，持续开展大气污染防治行动，并且将生态补偿制度上升到国家战略高度，提出要在大气污染治理等重点领域建立市场化、多元化生态补偿机制。大气污染治理领域的生态补偿制度即依据大气污染治理成本通过经济手段平衡大气污染治理实施地和空气质量改善受益地之间的利益关系。自 2014 年山东省率先实施空气质量补偿办法、建立大气污染治理领域的生态补偿制度以来，河北省、河南省、安徽省等地均开始试行空气质量补偿办法。目前我国已实施的空气质量补偿办法多为省级行政区依照辖区内市级行政区大气污染状况或空气质量改善情况进行相应补偿资金奖惩，通过地方政府间财政转移支付的形式督促各地关注大气污染治理问题、激发各地减排潜力。定量评估现行空气质量补偿办法的有效性、合理性是进一步完善空气质量补偿办法的基础。本章以河北省空气质量补偿办法为研究对象，通过双重差分模型定量分析河北省空气质量补偿办法实施过程中补偿资金奖惩举措对于空气质量的实际影响，研究结果可以为今后我国空气质量补偿制度的完善提供参考依据。

生态补偿亦称生态系统服务付费（payments for ecosystem services，PES），即通过构建自然资源交易市场，根据生态系统服务的提供者和需求者的供求关系确定生态服务产品的价格进行交易[137, 138]。目前，各国已在流域管理[139, 140]、森林资源保护[141~143]、生物多样性保护[144, 145]、生态功能区保护[146~148]等领域建立起市场化的生态付费制度。中国的生态补偿制度起步于森林资源保护、流域管理[149]等领域。例如，从 2001 年开始实施的森林生态效益补偿制度目前已达到国家级生态公益林全覆盖，也是世界上规模最大的生态补偿政策之一[150]。为平衡大气污染治理各参与方之间的利益、进一步提高大气污染治理效率，我国从 2014 年开始在大气污染领域试行生态补偿制度，目前已在河北、河南、山东、安徽、湖北、湖南、山西、陕西、天津、四川、贵州、浙江、甘肃、宁夏等 14 个省区市建立起大气污染领域的生态补偿制度，即实施空气质量补偿办法。中国的生态补偿制度侧重通过政府主导的经济手段解决生态效益外部性问题，从而保护生态环境、促进生态系统良性发展[151]。

现有关于空气质量补偿办法的研究主要关注已有的各省区市空气质量补偿办法的梳理[152, 153]及补偿制度的理论基础和机制[154]。由于京津冀地区亟须建立跨界空气质量补偿办法，京津冀地区大气污染治理的生态补偿标准是目前研究关注的热点之一[155, 156]。本章在梳理河北省现有空气质量补偿办法的基础上，尝试定量评估河北省空气质量补偿政策的实施效果。环境政策定量评估方法种类繁多，包括层次分析法、模糊评价法、数据包络分析法、计量模型法等。其中数学分析法中的层次分析法和模糊评价法侧重对环境政策实施影响因素的考量[157, 158]，数据包络分析法则适用于环境政策方案的选择优化[159, 160]，而计量模型法主要用于分析环境政策的实施效果[161, 162]。本章主要关注空气质量补偿政策实施后对空气质量的影响，并非筛选政策方案或考量政策本身设计问题，因而选取计量学方法对政策实施效果进行定量分析，双重差分模型可以在一定程度上缓解遗漏变量偏误和内生性等问题[163]，因此本章建立了双重差分模型用于评估河北省空气质量补偿办法实施对空气质量的实际影响。

关于生态补偿政策实施效果方面，多数研究表明生态补偿政策具有改善生态环境的效果，林爱华和沈利生的研究结果表明长三角地区生态补偿机制的实施是有效的，对中国其他地区进一步推行生态补偿机制具有重要的参考价值[164]；马庆华的研究表明新安江流域生态补偿政策基本实现了外部效应的内部化，生态补偿政策总体效果良好[165]。但也有研究表明，生态补偿政策在经济效益和社会效益等方面还有完善的空间，秦小丽等的研究结果表明江苏北部地区的宿迁农业生态补偿在发生农业生态事故时会对农业经济、社会效益产生不利影响[166]；陆巧玲对安吉县生态公益林补偿政策进行了评估，认为该政策拉大了农户的收入差距[167]。目前对于空气质量补偿制度政策效果评估的文献相对欠缺，汪惠青和单钰理梳理比较了山东、湖北、河南和安徽四省的大气污染生态补偿方案，并就各地政策实施前后的空气质量简单讨论了生态补偿的效果，认为空气质量补偿办法可有效推动空气质量改善[168]。本章定量评估了河北省空气质量补偿办法的政策效果，对于解释现有空气质量补偿办法的有效性具有一定意义。

第二节　空气质量补偿办法实施效果评估方法

一、河北省空气质量补偿办法

河北省 2018 年 3 月颁布《河北省城市及县（市、区）环境空气质量通报排名和奖惩问责办法（试行）》，并于 2018 年 4 月开始正式实施。河北省空气质量补偿办法将河北省辖区内县（市、区）划分为三类，其中第一类为 8 个大气污染传输通道城市，第二类为上述 8 市所辖县（市、区）和定州市、辛集市等 134 个县（市、区），第三类为非大气污染传输通道城市，即承德市、张家口市、秦皇岛市及其所辖 34 个县（市、区）。三类城市实施单独考核，依据每月空气质量综合指数绝对值排名（占比 20%）、空气质量综合指数改善率排名（占比 30%）、$PM_{2.5}$平均浓度绝对值排名（占比 20%）和 $PM_{2.5}$ 平均浓度改善率排名（占比 30%）情况确定月度考核排名，依据考核排名结果进行相应资金奖惩。具体来看，在第二类 8 个大气污染传输通道城市所辖县（市、区）和定州市、辛集市等 134 个县（市、区）中，对每月空气质量排在后 10 名的城市进行补偿资金扣罚，其中对倒数第 1 名扣减 50 万元，每升高一个位次，少扣减 4 万元；对排在前 10 名的城市予以补偿资金奖励，其中对第 1 名奖励 50 万元，每靠后一个位次，奖励减少 4 万元。

河北省是我国大气污染重点区域，与各地现行空气质量补偿办法比较，河北省空气质量补偿办法具有一定代表性。从考核指标来看，河北省空气质量补偿办法中涵盖每月空气质量综合指数和 $PM_{2.5}$ 平均浓度的绝对值排名和改善率排名。

多数地区考核指标和河北省类似，基本涉及 AQI 和 $PM_{2.5}$、PM_{10} 等常见大气污染物浓度情况，部分省份还涉及 SO_2、NO_2 等的情况。从补偿模式来看，河北省空气质量补偿办法依照考核排名先后奖惩既定的补偿资金，即既定规模的补偿资金从考核排名落后的城市转移到较前的城市，各地现有空气质量补偿办法体现的均为"奖优罚劣"，补偿模式基本一致。部分地区的奖惩资金会随着空气质量改善情况相应变化，如湖南省的奖惩资金会随着重污染天数和空气质量优良天数进行变化，山东省的补偿办法中对实际改善情况设置了补偿系数从而确定补偿资金，河北省的奖惩金额只与考核排名相关。

二、模型设置和变量定义

Ashenfelter 和 Card 于 1985 年提出双重差分模型[169]，该模型广泛应用于社会学中的政策效果评估，旨在通过基于反事实的框架来评估事件发生和不发生情况下被观测因素的变化情况来确定事件对于被观测因素的影响情况。双重差分模型设置如下：当某一事件发生时，依据是否受到事件干预可将样本分为受到事件影响的处理组和未受到事件影响的控制组。双重差分模型假设处理组和控制组在政策实施前具有相同的发展趋势（即共同趋势假设），因此控制组在事件发生前后被观测因素的变化情况可视为处理组在事件发生前后不受事件影响情况下被观测因素的变化情况，即控制组排除了其他影响因素对处理组被观测因素的影响。通过比较事件发生前后处理组和控制组被观测因素的变化差异即可确定事件干预对处理组被观测因素的影响。

基本的双重差分模型设定如下：

$$y = \alpha \cdot di \cdot dt + \beta_1 \cdot dt + \beta_2 \cdot di + \beta_0 + \varepsilon \qquad (11\text{-}1)$$

其中，y 为被观测因素，即所关注的事件的影响指标；dt 为事件发生虚拟变量，事件发生前 dt 取 0，事件发生后 dt 取 1；di 是个体虚拟变量，如果样本是受到事件影响的处理组则 di 取 1，如果样本是不受事件影响的控制组则 di 取 0；β_1 和 β_2 分别是 dt 和 di 的系数；$dt \cdot di$ 为个体虚拟变量和事件发生虚拟变量的交互项，其系数 α 表示事件对被观测因素 y 的影响情况；ε 为随机扰动项。

目前双重差分模型也常用于环境经济政策的实施效果评估。Wang 等通过双重差分模型评估了环境法规的实施对空气质量的影响，证实了环境法规实施后大气污染物浓度发生了一定变化[170]；杨骞等通过双重差分模型证实了区域联防联控政策实施以来山东省空气质量有所改善[171]；王敏等通过双重差分模型评估了强化监督定点帮扶对空气质量改善的净效应，发现定点帮扶工作可以有效促进 PM_{10} 浓度的降低[172]。为确定河北省空气质量补偿办法实施对空气质量的实际影响，本章采用的双重差分模型设定如下：

$$y_{im} = \alpha\left(\text{time}\times\text{treated}\right)_{im} + \beta_1\text{time}_{im} + \beta_2\text{treated}_{im} + \beta_3 x_{im} + \beta_0 + \varepsilon_{im} \quad（11\text{-}2）$$

其中，各变量下角标 i 为城市（县、区）；m 为月份；y_{im} 为 AQI 或常见空气污染物浓度；time 为时间虚拟变量，受到补偿资金惩罚或奖励前取 0，受到补偿资金惩罚或奖励后取 1；treated 为处理虚拟变量，若该城市实际受到补偿资金惩罚或奖励则为处理组，取 1，否则为控制组，取 0；time×treated 为时间虚拟变量和处理虚拟变量的乘积，α 为双重差分项系数，其估计值是该模型需要关注的重点，它度量了河北省空气质量补偿办法实施对空气质量的改善状况，如果双重差分项 time×treated 的系数 α 显著为负，说明补偿办法显著降低了大气污染物浓度；x_{im} 为所选取的控制变量，即除被解释变量 y_{im} 之外，会对空气质量产生影响的其他因素；ε_{im} 为随机扰动项。

三、数据来源

本章所使用的数据来自 2018 年 4 月河北省空气质量补偿办法实施以来河北省生态环境厅网站（http://hbepb.hebei.gov.cn/hbhjt/sjzx/）公布的考核排名结果。本章关注河北省空气质量补偿办法实施后对受到补偿资金奖励或补偿资金扣罚地区空气质量的影响，因此通过双重差分模型进行两次实验分别考量奖励和扣罚补偿资金的政策效果。具体来看，在样本选择方面，由于第一类城市和第三类城市样本量不足，考虑到样本的效度和信度，选择第二类城市作为样本。在处理组和控制组的选择方面，将河北省第二类城市，即 134 个县（市、区）中实际受到资金奖励或惩罚的城市设为处理组，未受到资金奖惩的城市设为控制组。当考量补偿资金奖励的政策效应时，将受到补偿资金奖励的城市列为处理组，既未受到补偿资金奖励也未受到补偿资金扣罚的城市列为控制组；当考量补偿资金扣罚的政策效应时，将受到补偿资金扣罚的城市列为处理组，既未受到补偿资金扣罚也未受到补偿资金奖励的城市列为控制组。在政策冲击时间的确定方面，由于实际奖惩结果公布延迟一个月，当月考核结果在下月公布，如 2018 年 4 月的考核结果会在 2018 年 5 月进行公布，因而从理论上政策实际冲击时间延迟一个月。在时段选择方面，选取政策实施前两个月（考核当月和上月）和政策实施后三个月（考核结果公布月及后两个月），以 2018 年 7 月考核结果为例，2018 年 7 月的考核结果会在 2018 年 8 月进行公布，因而政策实际冲击时间为 2018 年 8 月，则将 2018 年 6 月和 7 月设为政策实施前月份，即时间虚拟变量取 0；2018 年 8 月、9 月和 10 月设为政策实施后月份，即时间虚拟变量取 1。在面板数据处理方面，考核结果从 2018 年 4 月开始公布，得到 2018 年 5 月及之后的面板数据，每个面板数据包含 134 个样本从考核前一个月至考核后三个月共 5 个月的空气质量状况。由于冬季雾霾污染问题突出，河北省空气质量补偿办法冬季考核数据质量较高，故选取冬季数据进行分析。考虑到 2019 年 12 月及之后的数据受到新冠疫情的影响，可能影响分析的准确性，因此最终通过 Stata 16.0 筛选出 2018 年 11 月、12 月和 2019 年 1 月、2 月的考核数据，考察河北省空气质量补偿办法实施以来冬季河北省第二类城市补偿资金奖惩对空气质量的影响。

第三节　空气质量补偿办法实施效果评估结果

一、补偿资金扣罚的实证检验

2018 年 11 月至 2019 年 2 月河北省空气质量补偿办法考核结果公布后，补偿资金扣罚对 134 个县（市、区）空气质量影响的双重差分结果如表 11-1 所示。

表 11-1　补偿资金扣罚前后 134 个县（市、区）双重差分回归结果

空气质量参数	AQI	SO_2	CO	NO_2	O_3-8h	PM_{10}	$PM_{2.5}$
实施前 Diff（处理组-控制组）	1.633（0.000***）	8.364（0.000***）	0.489（0.000***）	4.151（0.003***）	−0.880（0.840）	32.225（0.000***）	28.302（0.000***）
实施后 Diff（处理组-控制组）	0.914（0.000***）	4.007（0.003***）	0.380（0.000***）	2.895（0.012**）	−1.220（0.732）	16.432（0.000***）	15.930（0.000***）
DID	−0.719（0.016**）	−4.358（0.038**）	−0.108（0.477）	−1.256（0.489）	−0.340（0.952）	−15.793（0.011**）	−12.372（0.018**）
R^2	0.12	0.05	0.08	0.21	0.18	0.08	0.08

***、**分别表示 1%、5%水平上显著

结果表明，河北省空气质量补偿办法实施以来，资金扣罚措施对 AQI、SO_2、$PM_{2.5}$ 和 PM_{10} 的浓度有显著的负向作用，134 个县（市、区）中受到资金扣罚的城市相比未受到资金奖惩的城市空气质量有所改善。从 AQI 来看，虽然空气质量补偿办法实施前后处理组地区 AQI 均高于控制组地区 AQI，但是在补偿办法实施后处理组和控制组地区间 AQI 的差距在逐渐缩小，处理组扣罚资金后空气质量改善的状况更为明显，在资金扣罚的作用下 AQI 平均下降 0.719。从 SO_2 浓度来看，空气质量补偿办法实施前后处理组 SO_2 浓度均高于控制组，但是在补偿办法实施

后，处理组和控制组地区间 SO_2 浓度的差距在缩小，处理组扣罚资金后 SO_2 浓度有明显下降，平均下降 4.358 微克/米^3。从 PM_{10} 浓度来看，虽然空气质量补偿办法实施前后处理组 PM_{10} 浓度均高于控制组，但是扣罚资金后处理组和控制组地区间 PM_{10} 浓度差距明显缩小，处理组在扣罚资金后 PM_{10} 浓度下降明显，平均下降 15.793 微克/米^3。从 $PM_{2.5}$ 浓度来看，虽然空气质量补偿办法实施前后处理组 $PM_{2.5}$ 浓度均高于控制组，但处理组 $PM_{2.5}$ 浓度的下降趋势要大于未受到补偿资金奖惩的控制组，$PM_{2.5}$ 的浓度下降了 12.372 微克/米^3。空气质量补偿办法惩罚排名靠后的地区也促进了 CO、NO_2 和臭氧浓度的下降，但是下降不显著。从 CO 和 NO_2 浓度来看，空气质量补偿办法实施前后处理组的 CO 和 NO_2 浓度均高于控制组，但处理组扣罚资金后与控制组 CO 和 NO_2 浓度的差距缩小，处理组 CO 和 NO_2 浓度的下降趋势相比控制组地区要大，但是下降趋势并不显著；从臭氧的浓度来看，空气质量补偿办法实施前后处理组的臭氧浓度均低于控制组，说明整体污染状况更为严重的处理组臭氧浓度水平相对较低，且处理组扣罚资金后臭氧浓度的下降趋势也要大于控制组地区，但是下降效果并不显著。

河北省空气质量补偿办法实施后促进了扣罚资金地区的空气质量改善。一方面，补偿办法实施后促进了扣罚资金地区的 AQI 降低，推测有以下原因：①处理组地区面临着上缴 14 万元至 50 万元的惩罚资金，亟待在下月改善其考核排名结果，河北省空气质量补偿办法考核指标中 AQI（包括其绝对值排名和改善率排名）所占权重为 50%，因而降低 AQI 会使考核排名结果上升，处理组地区会致力于改善 AQI 水平从而避免继续被扣罚补偿资金；②AQI 综合考虑了常见大气污染物的浓度，可以较为全面地反映该地区整体空气质量状况，AQI 高的地区大气污染通常更为严重，处理组在扣罚资金后致力于改善当地大气污染情况，通常单一污染物浓度水平的下降可能使 AQI 下降得不明显，但多种污染物浓度水平的降低会使得 AQI 下降，即空气质量改善后通常都会导致 AQI 的降低。

另一方面，补偿办法对 SO_2、$PM_{2.5}$ 和 PM_{10} 浓度的下降效果显著，推测有以下原因：①河北省空气质量补偿办法考核指标中 $PM_{2.5}$（包括其绝对值排名和改善率排名）所占权重为 50%，说明改善考核排名的有效途径是降低 $PM_{2.5}$ 的浓度水平，$PM_{2.5}$ 和 PM_{10} 均为空气中的悬浮颗粒物，两者浓度水平密切相关，处理组地区为避免再次被惩罚会更多致力于控制 $PM_{2.5}$ 的浓度水平，相应会促进 $PM_{2.5}$ 和 PM_{10} 浓度水平的下降；②由于本章所选研究时段为冬季（2018 年 11 月至 2019 年 2 月），河北省面临冬季供暖的实际情况，第二类城市为 8 个大气污染传输通道城市所辖县（市、区）和定州市、辛集市等 134 个县（市、区），燃煤取暖的情况相对较多，民用燃煤排放导致的 SO_2、$PM_{2.5}$ 和 PM_{10} 污染状况也较为明显，当处理组地区扣罚资金后致力于改善空气质量时这些污染物浓度相对容易降低。

此外，对处理组地区扣罚资金的举措对 CO、NO_2 和臭氧浓度下降的效果不显著，推测有以下原因：①河北省大部分地区存在能源结构偏煤、产业结构偏重工业的情况，短期内 CO、NO_2 和臭氧的浓度水平不易发生显著变化；②河北省空气质量补偿办法中并未直接涉及这些污染物的考核，相对于在考核办法中直接涉及的污染物（AQI 和 $PM_{2.5}$），处理组即便在扣罚资金后对于 CO、NO_2 和臭氧的治理力度也相对较小，改善动力不足。

二、补偿资金奖励的实证检验

2018 年 11 月至 2019 年 2 月河北省空气质量补偿办法考核结果公布后，补偿资金奖励对 134 个县（市、区）空气质量影响的双重差分结果如表 11-2 所示。

表 11-2　补偿资金奖励前后 134 个县（市、区）双重差分回归结果

空气质量参数	AQI	SO_2	CO	NO_2	O_3-8h	PM_{10}	$PM_{2.5}$
实施前 Diff（处理组−控制组）	−1.100 (0.000***)	−5.891 (0.001***)	−0.256 (0.042**)	−5.995 (0.000***)	3.913 (0.369)	−23.867 (0.000***)	−15.135 (0.000***)
实施后 Diff（处理组−控制组）	−0.861 (0.000***)	−3.822 (0.011**)	−0.184 (0.077*)	−2.453 (0.048**)	0.351 (0.922)	−20.882 (0.000***)	−13.726 (0.000***)
DID	0.238 (0.457)	2.069 (0.382)	0.072 (0.659)	3.543 (0.069*)	−3.562 (0.528)	2.985 (0.662)	1.410 (0.799)
R^2	0.03	0.01	0.00	0.15	0.09	0.02	0.02

***、**、*分别表示 1%、5%、10%水平上显著

结果表明，河北省空气质量补偿办法实施以来，134 个县（市、区）中受到资金奖励的地区相比未受到资金奖励的地区空气质量没有显著差异。奖励补偿资金后，AQI、SO_2、CO、$PM_{2.5}$ 和 PM_{10} 的双重差分系数为正且并不显著，说明受到补偿资金奖励的处理组空气质量与未受到补偿资金奖励的控制组相比并没有显著改善，因此并不能认为奖励补偿资金可以促进空气质量改善。河北省空气质量补偿办法中补偿资金奖励的举措没有明显改善空气质量，推测有以下几方面原因：①受到资金奖励的处理组本身空气质量水平在河北省第二类城市中处于较优水平，短期内即使当地政府加大治理力度改善效果也有限；②冬季空气质量水平有一定波动范围，受到资金奖励的地区空气质量波动是正常的。

总体来看，河北省空气质量补偿办法中补偿资金扣罚相比补偿资金奖励对空气质量改善的效果更明显，说明各地区对于补偿资金扣罚的举措可能更为敏感。各地区因考核排名靠后被扣罚资金后，迫于下一期考核的压力会致力于改善空气质量，避免因考核排名靠后而再次被扣罚甚至约谈批评；当考核排名靠前的地区受到补偿资金奖励后，由于考核压力相对不大，从主观层面来看改善空气质量的欲望可能并不强烈，另外，由于本身空气质量水平可能相对较好，短期内很难同

受到惩罚的空气质量水平较差的地区一样有快速改善的潜力。

三、稳健性检验

为进一步确保双重差分结果的可靠性，本章进行了共同趋势假设检验、政策干预时间的随机性检验、控制组随机选择实验等假设检验。由于在双重差分实验部分，补偿资金奖励的政策效果不显著，因而不再进行相关假设检验，即只针对补偿资金惩罚进行相关假设检验。双重差分方法适用的重要前提是满足共同趋势假定，即没有实施河北省空气质量补偿办法的处理组城市和控制组城市空气质量的变化趋势应该是一致的。共同趋势假设检验结果如表 11-3 所示。

表 11-3　共同趋势假设检验结果

检验结果	AQI	SO$_2$	CO	NO$_2$	O$_3$-8h	PM$_{10}$	PM$_{2.5}$
交互项	−0.0259 （0.224）	0.975 （0.303）	0.022 （0.730）	0.491 （0.475）	0.489 （0.847）	1.208 （0.250）	0.539 （0.442）

双重差分模型成立的前提是反事实假设，即如果不受到政策冲击，处理组被观测变量在实验前后变化趋势与控制组一致。因此，需要保证政策冲击前处理组和控制组的被观测变量没有显著性差异，为此，本章设置政策实施前月份与处理虚拟变量的交互项。表 11-3 结果表明，在政策实施前这些交互项回归结果不显著，即政策实施前处理组和控制组的 AQI 和 6 种常见污染物的浓度没有显著差别。因此，政策实施前处理组和控制组空气质量没有显著差别，如果河北省空气质量补偿办法不实施，第二类城市空气质量变化趋势基本一致。

政策干预时间的随机性检验结果如表 11-4 所示。

表 11-4　政策干预时间的随机性检验结果

检验结果	AQI	SO$_2$	CO	NO$_2$	O$_3$-8h	PM$_{10}$	PM$_{2.5}$
政策冲击 时间改变	0 （0.996）	−0.874 （0.244）	0.083 （0.094）	0.521 （0.339）	−0.591 （0.769）	−1.491 （0.073）	0.419 （0.451）

由于实际奖惩结果公布延迟一个月，即当月考核结果在下月公布，因而所选政策冲击时间延迟一个月，为确保本章所设置政策冲击时间的合理性，假设将政策冲击时间提前一个月，即没有延迟一个月，检验结果如表 11-4 所示，处理组和控制组的 AQI 和 6 种污染物浓度没有显著性差异，说明原模型所选政策冲击时间是合理的。

虽然河北省空气质量补偿办法只针对部分城市进行资金奖惩，但考核范围为辖区内所有县（市、区）。为保证空气质量补偿办法只影响处理组，本章进一步检验补偿办法对控制组的影响是否可忽略不计。从控制组城市中随机选取一些城市，将其假设为处理组城市，再次进行双重差分回归，回归结果如表 11-5 所示。

表 11-5　控制组随机选择实验

计算结果	AQI	SO_2	CO	NO_2	O_3-8h	PM_{10}	$PM_{2.5}$
改变处理组和控制组后 Diff	−0.008 (0.549)	0.137 (0.806)	0.006 (0.870)	0.758 (0.061)	1.464 (0.328)	−0.022 (0.972)	0.311 (0.452)

由表 11-5 可知，人为将控制组的一些城市设置为处理组后，双重差分的回归结果不显著。这说明尽管补偿办法的考核范围是河北省辖区内所有城市，但是补偿办法对于未受到资金奖惩地区的影响可以忽略不计，即可以将未受到资金奖惩的地区列为控制组。

四、完善河北省空气质量补偿办法

河北省空气质量补偿办法通过扣罚补偿资金的举措虽然有助于空气质量的提高，但补偿资金奖励的举措对于空气质量改善的效果有限，河北省现行空气质量补偿办法还存在完善的空间。通过对比各地现行空气质量补偿办法，河北省空气质量补偿办法可以从以下角度进行完善。

（1）明确补偿双方主体。河北省空气质量补偿办法中补偿资金扣罚对于 AQI 和 SO_2、$PM_{2.5}$ 和 PM_{10} 浓度下降效果比较明显，而资金奖励对于空气质量改善没有显著作用。各地区在制定补偿办法时需要慎重考虑怎样确定补偿地区和被补偿地区，合理的补偿主体和受偿主体能协调各地利益关系，进一步激发减排潜力，提高整体大气污染治理效率。

（2）完善补偿标准。通过对比河北省与其他省份的空气质量补偿办法，我们发现河北省目前的空气质量补偿办法整体上来看仍属于"一刀切"的模式，补偿规模是既定的，仅与考核排名有关，不会随着实际空气质量改善情况而发生变化。目前很多省份的补偿办法都针对考核指标设置了补偿系数，依据实际空气质量改善状况进行资金奖惩，在这种补偿标准下，空气质量改善水平越高相应的补偿规模也越高，建议河北省后续进一步完善空气质量补偿办法中的补偿标准。

（3）引导地方政府建立长效补偿机制。目前河北省的考核办法以月度为周期进行考核，从山东等地空气质量补偿办法修订趋势来看，各省份的补偿办法也在逐渐缩短考核周期。一方面，缩短考核周期可以及时反馈各地减排成果，地方政府的考核压力也会较大；另一方面，大气污染治理工作并不仅仅是短期内的考核任务，更是各地政府的长期工作，部分地区可能短期内空气质量很难有明显提升，应关注其长期空气质量改善状况，空气质量补偿办法需要定期考核，也需要建立长效补偿机制。

第十二章 京津冀地区常规大气污染治理成本

京津冀地区空气质量跨区域补偿机制欠缺，已经成为制约区域大气污染联防联控的短板。本章基于生产者负责原则与消费者负责原则下大气污染治理成本的差异性，分析京津冀地区空气质量补偿主体及补偿规模。研究发现，京津冀地区 SO_2、NO_x 和 VOCs 三种主要污染物的产生量和去除率均依次递减，未来 NO_x 和 VOCs 减排是京津冀地区大气污染治理的重点。天津市面临的治理成本最高，石家庄市和唐山市次之。在当前减排成本从生产者向消费者传导，但其机制还不健全的背景下，应尽快设立京津冀地区空气质量补偿的统一协调机构，负责空气质量补偿资金的缴纳及分配问题。测算结果表明，2017 年北京市应该提供空气质量补偿资金 27.15 亿元，用于补偿天津市和河北省其他城市大气污染治理损失，其中石家庄市获得的补偿资金最高（10.99 亿元），天津市（3.24 亿元）次之。

第一节 大气污染常规治理成本及研究现状

根据《2019 中国生态环境状况公报》，京津冀地区空气质量持续改善，但仍是我国大气污染最严重的区域。2019 年，京津冀及周边地区主要大气污染物浓度显著高于长三角、珠三角地区。并且京津冀城市群内各城市的行政和经济地位有很大不同，很多研究都显示，河北省作为北京市主要的消费品供给者，污染物排放强度显著高于北京市和天津市，导致低效率和更多的污染[119]。如果按照消费者负责原则，需要建立合理的空气质量跨区域补偿机制，一方面是基于环境和公平的考虑；另一方面，补偿资金还可以帮助生产供应地区加大污染控制工程和技术的投入，提高效率。京津冀地区已经建立了大气污染区域联防联控模式，但是空气质量跨区域补偿机制建设相对缓慢，逐渐成为京津冀地区大气污染联防联控的短板。我国长期坚持谁污染谁治理的原则，明确减排责任主体。在完全自由的竞争市场，生产者可以通过价格传导机制将减排成本部分转嫁给下游消费者，降低污染治理给企业带来的负担。但是，京津冀地区现有的减排成本传导机制相对不足，加剧了生产地由于大气污染治理而承担的经济损失。以大气污染规模较大的电力行业和钢铁行业为例，电力行业面临着价格管制问题，而钢铁行业面临着严重的产能过剩问题。供电企业和钢铁企业由于无法有效地将大气污染治理成本向消费者传导，承担着高昂的减排成本。在此背景下，本章以京津冀大气污染传输通道城市为例分析大气污染主要污染物治理成本在生产地和消费地之间的分摊机制，进而为京津冀地区横向补偿机制设计提供参考。

本章所关注的内容与贸易隐含碳排放测算相关。为了解决传统的生产者负责原则导致的区域间碳泄漏问题，相关文献提出了基于贸易隐含碳排放测算的消费者负责原则。在全球协同应对气候变化的大背景下，现有文献针对国际贸易隐含碳排放进行了深入的探讨[173~175]。近年来，区域性大气污染问题日益加重，重点区域内部不同城市间的大气污染治理的联防联控机制不断完善。相邻城市间具有密切的经济联系，彼此间贸易隐含污染物的测算成为关注的热点。传统文献主要关注贸易隐含污染物实际排放的规模，而本章关注的是污染物去除量的减排成本在生产者与消费者之间的分配。

本章所关注的内容还与环境责任原则密切相关。1972 年，OECD 提出了污染者付费原则，即大气污染排放者应该承担污染造成的直接或者间接费用。之后，又衍生出受益者付费原则和使用者付费原则，即隐含污染最终品的使用者和环境改善的受益者应该承担大气污染减排成本。目前，京津冀地区施行的排污费政策、环保税政策、排污权交易政策主要基于污染者付费原则，亟须探讨基于受益者付费原则或使用者付费原则的区域间补偿机制。现有研究针对隐含大气污染物的生产地和消费地进行了相对充分的论述[176~178]，然而针对消费地与生产地之间空气质量补偿标准和补偿依据的研究相对欠缺。基于此，本章基于生产地与消费地之间大气污染的关联关系，分析大气主要污染物治理成本在生产者和消费者之间的分摊问题。

生态补偿是运用政府或市场手段，依据生态保护成本、发展机会成本，调节生态保护实施者和受益者之间利益关系的一种重要政策工具[179]。现有关于生态补偿的研究已经涵盖水资源保护[180, 181]、森林资源保护[182]、碳减排[183]、大气污染[184, 185]等方面。狭义来看，生态补偿是对人类行为产生的生态环境正外部性所给予的补偿，相当于国外生态服务付费的概念；广义来看，生态补偿是生态服务的付费、交易、奖励或赔偿的综合体[186]。美国[187]、欧盟[188]、中国[189]等已经广泛建立起相应的生态补偿机制。生态补偿标准的制定是生态补偿的核心，由于生态补偿问题的复杂性，学者对生态补偿标准的测算方法不尽相同，包括生态服务功能价值法、支付意愿调查法、机会成本法等不同方法[156, 190]。本章提出的空气质量补偿机制来源于生态补偿的基本观点，即为了保护环境而支付的成本需要得到补偿。

我国空气质量补偿机制最早于2014年在山东施行，随后湖北、河南、河北、天津等地相继出台空气质量补偿机制的相关办法。2015年京津冀建立了大气污染防治核心区结对帮扶机制，即北京和天津分别发挥资金、技术、科研等方面的优势，通过地方政府跨界财政转移支付的方式对廊坊、保定、唐山、沧州的大气污染治理开展专项支持，帮扶资金重点支持锅炉改造及散煤清洁化治理等重点领域。结对帮扶机制对于京津冀地区大气污染协同治理曾经起到了很好的推动作用，但是在大气污染防治协作机制不断升级过程中并没有得到很好的延续和发展。京津冀地区大气污染协同治理主要关注的是十个大气污染传输通道城市，据此本章以京津冀地区大气污染传统通道城市间环境空气质量跨界生态补偿机制为主要研究对象。

本章的另外一个文献基础是大气污染治理成本核算。污染物单位治理成本的确定方法包括治理成本系数法[191]、边际处理费用法[108]、排污收费标准表征法[192]等。治理成本系数法主要是指基于成本的估价方法，从"防护"的角度，计算为避免环境污染所支付的成本[193]。边际处理费用可以看作"污染的价格"，是单位污染物排放所需缴纳的排放费用，可以作为单位污染物的治理成本[119, 194]。在无法获得所有污染物的单位治理成本时，可以采用污染物排放收费标准来替代[192]。排污收费标准表征法比较直观，而且2018年京津冀地区施行的差别税率在一定程度上反映了区域减排成本的差异性。因此，本章采取排污收费标准表征法进行治理成本的核算，为区域间横向补偿机制的建立提供基础和依据。

第二节　大气污染常规治理成本评估模型

美国经济学家列昂惕夫在1936年提出投入产出模型，为系统地分析经济内部各产业之间的关联关系提供了一种实用的经济分析方法。之后，投入产出模型被广泛应用于环境领域不同经济主体之间节能减排责任分担问题[195~197]。本章重点关注产品生产地与消费地之间主要大气污染治理成本分摊问题。生产地实施的减排措施不仅降低了产品的排放足迹，而且降低了消费者的消费行为对环境的负面影响。本节先计算生产地与消费地之间大气污染的关联关系，进而分析生产地与消费地之间大气污染治理成本分摊和区域间横向补偿问题。投入产出模型的数据基础是投入产出表，从横向来看，投入产出表刻画了每个产业产出在中间使用和最终使用中消耗的数量。数学表达式如下：

$$X = AX + Y \qquad (12\text{-}1)$$

$$X = \begin{bmatrix} x_{11} & \cdots & x_{1s} & \cdots & x_{1m} \\ \vdots & \ddots & \vdots & \ddots & \vdots \\ x_{r1} & \cdots & x_{rs} & \cdots & x_{rm} \\ \vdots & \ddots & \vdots & \ddots & \vdots \\ x_{m1} & \cdots & x_{ms} & \cdots & x_{mm} \end{bmatrix}$$ 为产出矩阵，其中 x_{rs} 表示地区 r 的产出用于满

足地区 s 的中间需求的产出规模。 $Y = \begin{bmatrix} y_{11} & \cdots & y_{1s} & \cdots & y_{1m} \\ \vdots & \ddots & \vdots & \ddots & \vdots \\ y_{r1} & \cdots & y_{rs} & \cdots & y_{rm} \\ \vdots & \ddots & \vdots & \ddots & \vdots \\ y_{m1} & \cdots & y_{ms} & \cdots & y_{mm} \end{bmatrix}$ 为最终需求矩

阵，其中 y_{rs} 表示地区 r 的产出用于满足地区 s 的最终需求的数量。 $A = \begin{bmatrix} A_{11} & \cdots & A_{1s} & \cdots & A_{1m} \\ \vdots & \ddots & \vdots & \ddots & \vdots \\ A_{r1} & \cdots & A_{rs} & \cdots & A_{rm} \\ \vdots & \ddots & \vdots & \ddots & \vdots \\ A_{m1} & \cdots & A_{ms} & \cdots & A_{mm} \end{bmatrix}$ 为直接消耗系数矩阵，其中 A_{rs} 为地区 s 对地区 r 的中间

品消耗系数矩阵。式（12-1）可改写为

$$X = BY = (I - A)^{-1} Y \qquad (12\text{-}2)$$

$B = (I - A)^{-1}$ 为列昂惕夫逆矩阵，其元素反映了一部门单位最终需求的增加对其他部门总产出的拉动作用。定义 E 为大气污染排放矩阵，其对角元素为各地区部门对应的污染物排放系数，非对角元素为 0，则大气污染物排放地产生的大气污染排放量计算为

$$E = FBY \qquad (12\text{-}3)$$

从横向看，E 表示某地区为满足当地及其他地区的消费所产生的大气污染排放量。从纵向看，E 表示某地区消费所导致的当地及其他地区大气污染排放。京津冀地区城市级别的投入产出表为 2012 年数据，本章基于此计算京津冀地区城市间主要大气污染物排放地和产品最终消费地之间的关联关系。本章的污染数据为 2017 年京津冀地区大气主要污染物（SO_2、NO_x、$VOCs$）的产生量和排放量数据。

根据式（12-3），我们可以确定大气污染排放地与产品消费地之间的关联关系

矩阵 $T = \begin{bmatrix} t_{11} & t_{12} & \cdots & t_{1n} \\ t_{21} & t_{22} & \cdots & t_{2n} \\ \vdots & \vdots & \ddots & \vdots \\ t_{n1} & t_{n2} & \cdots & t_{nn} \end{bmatrix}$，其中 t_{rs} 反映了地区 r 为满足地区 s 消费所产生的排放

占本地区总排放的比重，且满足 $\sum_s t_{rs} = 1$。在消费者负责原则背景下，地区 s 应该

承担相同比重的在地区 r 发生的减排成本。

根据排污收费标准表征法，某地区主要大气污染物治理成本计算公式如下：

$$c_r = \sum_n \frac{(e_n - p_n)\tau_n \eta}{\lambda_n} \tag{12-4}$$

其中，e_n 代表第 n 类污染物的实际产生量；p_n 代表第 n 类污染物的排放量；λ_n 代表污染当量值，依据《中华人民共和国环境保护税法》，SO_2、NO_x 和 VOCs 的污染当量值（千克）均为 0.95；τ_n 代表第 n 类污染物对应的污染当量税率；η 代表修正系数，依据《河北省分行业经济产出和生态环境代价分析》报告，本章取值

为 3。定义 $C_p = \begin{bmatrix} c_1 & 0 & \cdots & 0 \\ 0 & c_2 & \cdots & 0 \\ \vdots & \vdots & & \vdots \\ 0 & 0 & \cdots & c_n \end{bmatrix}$，则基于消费者负责原则各地区对应的减排成本

为 $C_c = T'C_p$。通过对比 C_p 与 C_c，可以得到基于消费者负责原则的区域间横向补偿金额。

第三节　京津冀地区常规大气污染治理成本分析

京津冀地区不同城市之间，在大气主要污染物（SO_2、NO_x、VOCs）产生量上存在明显差异。从 2017 年京津冀地区三种大气主要污染物产生量规模来看，SO_2 产生量规模要大于 NO_x 和 VOCs。从污染物产生量的区域分布来看，唐山、石家庄、邯郸和天津都是三种大气主要污染物产生量排名靠前的区域，这些区域应该成为源头控制的重点减排区域；但是 VOCs 治理的重点区域与 SO_2 和 NO_x 相比具有一定的特殊性。对于 SO_2 和 NO_x，北京、廊坊、衡水和秦皇岛是产生量排名靠后的几个地区；对于 VOCs，产生量较少的地区是张家口和承德，与区域 SO_2 和 NO_x 的排名分布存在一定差异。以北京为例，2017 年北京的 SO_2 产生量为 1.5 亿吨，仅占邢台产生量的 3.3% 和张家口产生量的 6.5%，而北京的 VOCs 产生量为 3.6 亿吨，分别是邢台产生量的 1.6 倍和张家口产生量的 5.1 倍。从区域间的差

异来看, SO$_2$ 区域间产生量的差距最大, 存在更大的分布不均衡, NO$_x$ 次之, VOCs 区域间产生量的差距最小。

污染治理成本不仅与污染物的产生量相关, 而且与污染物的去除率相关。由于地区间经济和技术水平差异, 各地区污染物去除率可能存在较大差异。2017 年京津冀地区 SO$_2$ 去除率最高, NO$_x$ 次之, 而 VOCs 的去除率最低。例如, 2017 年唐山 SO$_2$、NO$_x$ 和 VOCs 的去除率分别为 77%、23% 和 5%, 北京 SO$_2$、NO$_x$ 和 VOCs 的去除率分别为 73%、47% 和 45%。京津冀地区 SO$_2$ 减排技术已经较为先进, 天津、保定、张家口等地 SO$_2$ 去除率已经超过 90%, 未来应着眼于 NO$_x$ 和 VOCs 减排技术创新。从不同地区主要污染物去除率对比来看, 北京和天津的主要污染物去除率要高于河北的主要城市。天津的 SO$_2$ 和 VOCs 去除率最高, 分别达到 93% 和 53%; 河北张家口的 NO$_x$ 去除率最高, 达到 71%。SO$_2$、NO$_x$ 和 VOCs 的去除率低的城市分别为衡水、唐山和邯郸, 均位于河北。提升河北主要污染物的去除率, 尤其是提升 VOCs 治理水平是未来京津冀地区大气污染联防联控工作的重点。河北经济发展水平落后于北京和天津, 因此京津冀地区横向补偿机制是鼓励欠发达地区积极降低污染排放的重要激励手段。

一、三种污染物产生量区域关联特征分析

某个地区生产的产品不仅满足本地需求, 还有一部分是为了满足其他地区的需求。据此, 本章将京津冀地区十个大气污染传输通道城市的大气污染产生量按照产品的去向进行分解, 得到产品生产地与消费地之间隐含的大气污染关联关系, 计算结果如表 12-1~表 12-3 所示。

表 12-1　京津冀大气污染传输通道城市间三种大气主要污染物产生地与消费地
关联矩阵（SO$_2$ 排放地与消费地关联矩阵）

地区	北京	天津	石家庄	唐山	邯郸	邢台	保定	沧州	廊坊	衡水	其他地区
北京	46%	6%	1%	1%	0	0	1%	1%	0	0	44%
天津	8%	55%	1%	1%	0	0	1%	1%	0	0	34%
石家庄	5%	3%	41%	3%	1%	1%	3%	2%	0	1%	40%
唐山	6%	3%	1%	34%	1%	0	1%	1%	0	0	53%
邯郸	4%	2%	1%	0	37%	0	1%	1%	0	0	54%
邢台	6%	4%	3%	4%	1%	36%	4%	2%	0	0	40%
保定	11%	3%	3%	2%	1%	2%	25%	3%	0	0	50%
沧州	5%	3%	5%	2%	1%	1%	4%	37%	0	0	41%

续表

地区	北京	天津	石家庄	唐山	邯郸	邢台	保定	沧州	廊坊	衡水	其他地区
廊坊	1%	1%	1%	0	0	0	1%	1%	84%	0	10%
衡水	7%	2%	1%	1%	1%	0	1%	1%	0	56%	31%

表 12-2　京津冀大气污染传输通道城市间三种大气主要污染物产生地与消费地
关联矩阵（NO$_x$排放地与消费地关联矩阵）

地区	北京	天津	石家庄	唐山	邯郸	邢台	保定	沧州	廊坊	衡水	其他地区
北京	51%	7%	1%	1%	0	0	1%	1%	0	0	39%
天津	7%	58%	1%	1%	0	0	1%	1%	0	0	31%
石家庄	5%	3%	43%	2%	1%	1%	3%	2%	0	0	39%
唐山	5%	3%	1%	32%	1%	0	1%	1%	0	0	56%
邯郸	5%	3%	1%	0	27%	0	1%	1%	0	0	62%
邢台	9%	6%	3%	2%	1%	29%	3%	2%	0	0	45%
保定	11%	4%	3%	2%	1%	1%	23%	2%	0	0	52%
沧州	5%	3%	6%	2%	1%	1%	4%	35%	0	0	42%
廊坊	1%	1%	1%	0	1%	0	1%	1%	82%	0	11%
衡水	7%	2%	1%	1%	1%	1%	1%	1%	0	49%	36%

表 12-3　京津冀大气污染传输通道城市间三种大气主要污染物产生地与消费地
关联矩阵（VOCs排放地与消费地关联矩阵）

地区	北京	天津	石家庄	唐山	邯郸	邢台	保定	沧州	廊坊	衡水	其他地区
北京	16%	6%	1%	1%	1%	1%	1%	1%	0	0	71%
天津	10%	48%	1%	1%	0	0	1%	1%	0	0	38%
石家庄	7%	3%	27%	4%	2%	1%	4%	3%	0	1%	49%
唐山	4%	2%	1%	35%	1%	0	1%	1%	0	0	55%
邯郸	5%	3%	1%	1%	19%	0	1%	1%	0	0	71%
邢台	5%	3%	4%	5%	2%	33%	4%	3%	0	1%	41%
保定	6%	3%	4%	5%	2%	3%	21%	4%	0	0	51%
沧州	4%	2%	6%	3%	2%	2%	4%	31%	0	0	45%
廊坊	4%	3%	3%	1%	2%	1%	4%	3%	48%	0	29%
衡水	5%	2%	2%	3%	2%	2%	2%	2%	0	36%	40%

从横向来看，表 12-1~表 12-3 为各地区对应大气污染物的产生量在不同消费

地之间的分配比例。表 12-1~表 12-3 中对角线元素明显高于非对角线元素，说明一个地区产生的大气污染物大部分是由生产本地消费品造成的。例如，廊坊 84% 的 SO_2 产生量和 82% 的 NO_x 产生量都是由本地需求拉动的，而其他地区对廊坊污染的拉动作用较弱。北京和天津之间隐含污染物的关联关系比较紧密，北京 6% 的 SO_2 排放和 7% 的 NO_x 排放是为了满足天津的消费需求，天津 8% 的 SO_2 排放和 7% 的 NO_x 排放是为了满足北京的消费需求，但两个地区的污染物排放受河北省需求拉动作用较弱。河北省大气污染产生量受北京和天津消费需求的拉动作用非常明显。其中，保定 11% 的 SO_2 排放和 11% 的 NO_x 排放都是为了满足北京的消费需求；邢台 4% 的 SO_2 排放和 6% 的 NO_x 排放都是为了满足天津的消费需求。

从三种污染物的对比来看，SO_2 和 NO_x 相较于 VOCs 具有更强的本地需求拉动贡献。例如，北京分别有 46% 的 SO_2 排放和 51% 的 NO_x 排放是由本地需求拉动的，但仅有 16% 的 VOCs 排放是由本地需求拉动的；廊坊 84% 的 SO_2 排放和 82% 的 NO_x 排放是本地需求拉动的，但仅有 48% 的 VOCs 排放是由本地需求拉动的。VOCs 产生量较高的北京、邯郸、唐山和石家庄等受其他地区需求拉动作用非常明显。其中，天津 10% 的 VOCs 排放用于满足北京的消费需求，北京 6% 的 VOCs 排放用于满足天津的消费需求，石家庄 7% 的 VOCs 排放由北京的需求拉动。虽然其他城市的需求对廊坊的 SO_2 和 NO_x 拉动作用较小，但廊坊 4% 的 VOCs 排放是由北京的消费需求拉动的，还有 4% 的 VOCs 排放是由保定的消费需求拉动的。京津冀地区 VOCs 具有较强的区域关联关系，说明治理 VOCs 不仅要考虑提高技术水平，而且要加强不同地区间协同减排力度。建立京津冀地区区域间横向补偿机制对于促进 VOCs 治理具有更加重要的现实意义。

二、三种污染物去除量治理成本

图 12-1 展示了消费者负责原则下京津冀大气污染传输通道城市三种大气污染物减排的治理成本。

图 12-1 表明，天津承担了最高的大气污染治理成本，石家庄和唐山次之，三者治理成本分别为 121 亿元、89 亿元和 68 亿元。高排放行业在这三个城市均占有较高的比重，如唐山的钢铁行业和石家庄的医药行业。以天津为例，其治理成本包括 SO_2 治理成本 91 亿元、NO_x 治理成本 20 亿元和 VOCs 治理成本 10 亿元。SO_2 的实际产生量规模和去除率均高于 NO_x 和 VOCs，故大部分城市的治理成本主要由 SO_2 治理成本构成。治理成本较低的城市为衡水和北京。北京具有以服务业为主的产业结构，而衡水的 SO_2 去除率相对较低导致治理成本偏低。京津冀地区的治理成本存在着明显的区域异质性，河北承担的治理成本要高于天津和北京。

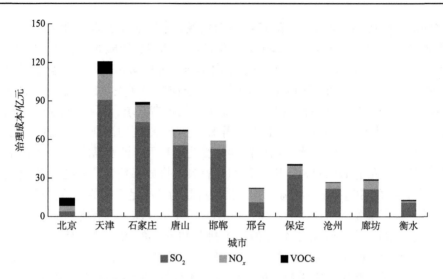

图 12-1　京津冀大气污染传输通道城市三种大气污染物减排的治理成本

然而，大气污染的区域性特征决定了污染治理具有明显的正外部性，河北和天津的污染治理可以在一定程度上减少北京消费行为的排放足迹。根据大气污染物产生地与消费地之间的关联矩阵，本节进一步讨论消费者负责原则下京津冀地区大气污染治理成本如何在不同地区之间进行分摊。计算结果如表 12-4 所示。

表 12-4　2017 年京津冀大气污染传输通道城市空气质量横向补偿金额（单位：亿元）

横向补偿调出地	横向补偿接收地										总调出
	北京	天津	石家庄	唐山	邯郸	邢台	保定	沧州	廊坊	衡水	
北京	0	9.25	4.69	3.78	2.45	1.67	4.35	1.35	0.40	0.87	28.83
天津	0.92	0	2.33	1.75	1.45	1.06	1.37	0.74	0.27	0.24	10.12
石家庄	0.15	0.87	0	0.78	0.49	0.65	1.08	1.49	0.27	0.15	5.94
唐山	0.14	0.64	2.28	0	0.28	0.63	1.01	0.51	0.08	0.15	5.72
邯郸	0.08	0.37	1.27	0.43	0	0.26	0.44	0.33	0.16	0.11	3.45
邢台	0.08	0.41	1.02	0.30	0.20	0	0.65	0.33	0.08	0.07	3.15
保定	0.15	0.92	2.67	0.70	0.54	0.76	0	0.98	0.35	0.16	7.22
沧州	0.11	0.64	1.98	0.53	0.32	0.47	1.05	0	0.24	0.10	5.45
廊坊	0.02	0.13	0.22	0.05	0.04	0.03	0.09	0.05	0	0.01	0.64
衡水	0.03	0.13	0.47	0.09	0.07	0.08	0.12	0.09	0.03	0	1.11
总调入	1.68	13.36	16.93	8.40	5.85	5.62	10.17	5.87	1.89	1.86	
净调入	−27.15	3.24	10.99	2.68	2.41	2.47	2.95	0.42	1.25	0.76	

注：由于舍入修约，数据有偏差

从区域间补偿资金调入、调出总量来看,北京需要支付的补偿资金最多(28.83亿元),天津(10.12亿元)次之。北京和天津的消费需求对于拉动河北的大气污染产生具有重要意义,因此北京和天津应该为河北的大气污染治理提供补偿资金。例如,天津应该为石家庄和唐山提供的补偿资金为2.33亿元和1.75亿元。2015年,天津向唐山和沧州分别投入2亿元用于当地的大气污染治理,补偿规模与本节的计算结果相近。石家庄获得的补偿资金最多,达到16.93亿元,唐山次之,为8.40亿元。这两个城市从北京获得的补偿金额最高,天津次之。河北其他城市同样需要向石家庄和唐山的减排提供补偿资金,如保定需要向石家庄和唐山分别支付补偿资金2.67亿元和0.70亿元。根据两区域间补偿资金调入、调出的净值,可以确定在没有一个机构统一协调补偿资金的情境下地区之间补偿资金的流动情况。可以发现,京津冀地区空气质量补偿基本呈现从北京流向天津和河北的趋势。

实际上往往存在一个统一协调不同地区空气质量补偿资金流向的机构。例如,河北由河北省财政厅统一协调大气污染治理奖惩资金的流动。假设存在一个机构统一协调京津冀地区空气质量补偿资金的情境下,我们可以根据一个地区补偿资金的净调入规模确定该地区应该向统一协调机构支付或者获得补偿的资金。表12-4表明,在京津冀地区,北京是应该支付补偿资金的城市,应该支付的补偿资金规模为27.15亿元。北京上缴的补偿资金将分别支付给天津和其他城市,以补偿其大气污染治理承担的经济损失。其中,石家庄应获得的净补偿金额最高(10.99亿元),天津、保定、唐山和邢台次之,分别可以获得3.24亿元、2.95亿元、2.68亿元和2.47亿元的补偿金额。与不同城市之间分别进行补偿资金的结算相比,成立京津冀地区空气质量补偿统一协同机构在实际操作中更加简单。2018年,京津冀及周边地区大气污染防治协作小组进一步升级为由国务院领导担任组长的京津冀及周边地区大气污染防治领导小组。京津冀地区统一规划制定年度减排规划,建立了统一的重污染天气预警和应急措施,建立了京津冀环境执法联动机制。因此,建立以京津冀及周边地区大气污染防治领导小组为基础的空气质量补偿统一协同机构具有潜在可行性。

三、综合性分析

京津冀地区已经建立了大气污染区域联防联控模式,但是空气质量跨区域补偿机制建设相对缓慢,逐渐成为京津冀地区大气污染联防联控的短板。本章在对2017年京津冀地区三种大气主要污染物产生量和去除率分布特征分析的基础上,计算了生产地与消费地之间大气污染关联关系和治理成本,进而分析了生产地与消费地之间大气污染治理成本分摊和区域间横向补偿问题。本章主要结论总结如下。

京津冀地区 SO_2 产生量的规模要大于 NO_x 和 VOCs，但是 SO_2、NO_x 和 VOCs 的去除率依次降低。从技术层面上讲，京津冀地区 SO_2 减排技术已经较为先进，未来应着眼于 NO_x 和 VOCs 减排技术创新，提高 NO_x 和 VOCs 的去除率将是京津冀地区大气污染治理的重要工作内容。京津冀地区大气主要污染物治理成本存在明显的区域异质性，天津市面临的治理成本最高，石家庄市和唐山市次之。消费者负责原则下京津冀地区大气污染治理成本分摊结果表明，北京市应该提供空气质量补偿资金 27.15 亿元，用于补偿天津市和河北省其他城市大气污染治理损失。石家庄市应获得的补偿资金最高（10.99 亿元），天津市和保定市次之，分别可以获得 3.24 亿元和 2.95 亿元的补偿资金。此外，京津冀地区跨区域横向补偿机制建设的一个工作重点是建立空气质量补偿资金统一协调机构，统一负责空气质量补偿资金的缴纳及分配问题。

本章仍然存在一定的局限性。首先，空气质量补偿应该同时考虑大气污染的减排损失和空气质量改善带来的收益。本章仅考虑了大气污染治理损失的区域异质性，而没有考虑空气质量改善收益的地区差异，将在未来研究中进一步讨论。其次，大气污染治理成本测算是确定空气质量补偿的关键，本章采用的是排污收费标准表征法，后续研究可以进一步基于其他核算方法进行测算，进一步丰富该领域的研究成果。最后，本章仅考虑了空气质量补偿主体和补偿标准，至于补偿金额如何使用的问题也具有非常重要的现实意义，应该是未来研究关注的一个重点。

第十三章　京津冀地区应急减排措施实施成本

　　行政强制减排措施会对地区经济产生较大负面影响，同时京津冀地区各个城市间联系紧密，大气污染治理的生态效益外部性问题也较为突出，环境空气质量补偿机制旨在通过经济手段对外部性问题进行调节，而生态补偿机制的核心就是补偿标准。本章旨在探讨京津冀地区现有环境空气质量补偿标准的合理性，运用投入产出模型测算京津冀地区各个城市在重污染天气应急响应中的经济损失分布情况，以此衡量各地减排成本，同现有空气质量补偿办法的补偿资金分配情况进行比较，探讨现行补偿标准是否合理。

第一节　大气污染应急减排成本及研究现状

　　我国大气污染防治措施以行政强制手段为主，对地区经济产生的负面影响较大。行政强制手段与市场激励手段相比能够更快速准确地实现减排目标，但存在减排成本相对较高[198]、对企业生产率提高促进作用有限[199~201]、经济潜力和节能潜力相对不足[202]等问题。在京津冀地区近 30 年大气污染协同治理政策措施中，命令控制型行政强制减排措施占比在 60%左右[203]。以重污染天气应急响应措施为例，京津冀地区已经建立了统一的重污染预警分级标准，地方政府会在预警期间启动相应等级应急响应，通过停工限产等强制减排措施实现重污染天气期间大气污染物减排的目标[204~206]。

　　为平衡大气污染治理过程中大气污染治理实施者和大气环境改善受益者之间的利益关系，我国从 2014 年开始实施空气质量补偿办法，依据空气质量改善状况对各地进行资金奖惩，旨在通过政府间财政转移支付的方式达到"谁污染，谁治理；谁受益，谁保护"的目标[168]。空气质量补偿办法是生态补偿机制在大气污染治理领域的具体应用。生态补偿机制是运用政府或市场手段，依据生态保护成本、发展机会成本，调节生态保护实施者和受益者之间利益关系的一种重要政策工具[179]。美国[187]、欧盟[188]、巴西[207]及中国[189]等已经广泛建立起水资源保护[180, 181, 208]、森林资源保护[143, 182, 209]、生物多样性保护[210, 211]、农业环境保护[188, 212]、碳减排[183]等各领域生态补偿机制。在流域管理、土地保护、林业保护等传统领域生态补偿机制相对完善的基础上，我国开始在大气污染治理领域试行空气质量补偿办法，2016年起京津冀地区开始实施省市内的空气质量补偿制度，且由于经济结构和发展水平的差异，京津冀地区亟待建立区域间跨界空气质量补偿机制[155, 156]。

现有研究表明，大气污染治理虽然有利于经济长期发展，但是短期内会给地区经济带来负面影响，尤其是行政强制减排措施对地区经济的负面影响更为明显[213]。现有文献对市场化减排手段的减排效果和经济影响进行了相对充分的研究[214~219]，而对于行政强制减排手段对地区经济影响的综合评估相对欠缺。据此，本章基于投入产出模型给出了行政强制减排所导致的间接经济损失和溢出效应的测算方法[220~224]，并以2019年京津冀地区应急减排措施为例进行了定量测算，讨论了京津冀地区现行的空气质量奖惩问责办法的"以偿代补"效果。

第二节　大气污染应急减排成本评估模型

投入产出模型是系统分析经济内部各产业之间错综复杂的交易的经济分析方法[225, 226]。投入产出模型中的投入是指一个系统进行某项活动的消耗，产出是指一个系统进行某项活动的结果。投入产出模型刻画了系统各项活动中的投入与产出之间的数量关系，经常用于分析国民经济各个部门在产品的生产和消耗之间的数量依存关系。本章基于投入产出模型定量测算京津冀地区重污染天气企业停工停产对企业及其上下游企业的影响。

投入产出表是投入产出模型的数据基础，主要反映一定时期各部门间的相互联系和平衡比例关系。投入产出表主要由三个象限构成，水平方向上分为中间需求和最终需求两部分，垂直方向上分为中间投入和最初投入两部分。第一象限为中间流量矩阵，描述了国民经济各个部门之间的投入产出关系；第二象限为最终需求矩阵，反映各部门提供最终产品的数量和构成情况；第三象限为增加值矩阵，反映各部门最初要素投入及构成。根据包含地区的数目，投入产出表分为单区域和多区域投入产出模型。经典的投入产出模型从横向刻画了投入产出表的等式关系：

$$X = AX + Y \tag{13-1}$$

$$X = \begin{bmatrix} x_{11} & \cdots & x_{1s} & \cdots & x_{1m} \\ \vdots & \ddots & \vdots & \ddots & \vdots \\ x_{r1} & \cdots & x_{rs} & \cdots & x_{rm} \\ \vdots & \ddots & \vdots & \ddots & \vdots \\ x_{m1} & \cdots & x_{ms} & \cdots & x_{mm} \end{bmatrix}$$ 为产出矩阵，其中 x_{rs} 表示地区 s 的需求拉动的

地区 r 的产出规模。经济系统总共包括 m 个区域 $(0 < r \leqslant m$，$0 < s \leqslant m)$。$Y =$

$$\begin{bmatrix} y_{11} & \cdots & y_{1s} & \cdots & y_{1m} \\ \vdots & \ddots & \vdots & \ddots & \vdots \\ y_{r1} & \cdots & y_{rs} & \cdots & y_{rm} \\ \vdots & \ddots & \vdots & \ddots & \vdots \\ y_{m1} & \cdots & y_{ms} & \cdots & y_{mm} \end{bmatrix}$$ 为最终需求矩阵，其中 y_{rs} 表示地区 s 对地区 r 最终消费

品的需求数量。$A = \begin{bmatrix} a_{11} & \cdots & a_{1s} & \cdots & a_{1m} \\ \vdots & \ddots & \vdots & \ddots & \vdots \\ a_{r1} & \cdots & a_{rs} & \cdots & a_{rm} \\ \vdots & \ddots & \vdots & \ddots & \vdots \\ a_{m1} & \cdots & a_{ms} & \cdots & a_{mm} \end{bmatrix}$ 为直接消耗系数矩阵，其中 a_{rs} 为地

区 s 对地区 r 的中间品消耗矩阵。每个区域包含 n 个部门，a_{rs}^{ij} 代表地区 s 部门 j 对地区 r 部门 i 的直接消耗系数 $(0 < i \leqslant n$，$0 < j \leqslant n)$。式（13-1）可改写为

$$X = BY = (I - A)^{-1}Y \tag{13-2}$$

其中，$B = (I - A)^{-1}$ 为列昂惕夫逆矩阵，反映了某地区及部门最终需求增加一单位时，各地区及部门总产出的增长量。地区 r 实施的重污染天气紧急预案对该地

区各部门生产活动的冲击用矩阵 $\lambda = \begin{bmatrix} \lambda_1 & 0 & \cdots & 0 \\ 0 & \lambda_2 & \cdots & 0 \\ \vdots & \vdots & \ddots & \vdots \\ 0 & 0 & \cdots & \lambda_n \end{bmatrix}$ $(0 < \lambda_i < 1$，$0 < i \leqslant n)$ 表示，

该部门产出的下降会直接影响对下游行业中间品的供应和对最终消费品的供应。本章采用传统的假设抽取模型的基本假设，即部门 i 产出的下降由国外进口品的

增长所替代。则新的经济系统的部门间关系通过 $A_r^* = \begin{bmatrix} A_{11} & \cdots & A_{1s} & \cdots & A_{1m} \\ \vdots & \ddots & \vdots & \ddots & \vdots \\ \lambda A_{r1} & \cdots & \lambda A_{rs} & \cdots & \lambda A_{rm} \\ \vdots & \ddots & \vdots & \ddots & \vdots \\ A_{m1} & \cdots & A_{ms} & \cdots & A_{mm} \end{bmatrix}$

刻画，最终需求关系为 $Y_r^* = \begin{bmatrix} y_1 \\ \vdots \\ \lambda y_r \\ \vdots \\ y_m \end{bmatrix}$，且 $B_r^* = (I - A_r^*)^{-1}$。本章基于京津冀地区应急

减排措施调查的 7 000 余家微观企业数据计算京津冀地区重污染天气应急减排措施对各个部门生产活动的冲击 λ。该数据统计了 2019 年不同类型应急减排措施（红色预警、橙色预警和黄色预警）下企业的停工限产情况和每天造成的损失。本章先对企业进行行业归类，分别计算不同类型应急减排措施下不同行业每天对应的损失与工业总产值的比率。进一步统计了 2019 年不同类型应急减排措施实施的天数，得到重污染天气应急减排措施全年对于不同产业的影响系数矩阵 λ。重污染天气应急预案对地区 r 及其他地区总产出和总产值的影响分别为 $(B - B_r^*)Y_r^*$ 和 $V(B - B_r^*)Y_r^*$，其中 V 为增加值系数矩阵。

本章通过从应急减排措施冲击地区 r 产出的角度分析了应急减排措施对产业链的影响，此外，也可以从应急减排措施影响地区 r 投入的角度进行分析。本章采用 2012 年中国京津冀地区多区域城市投入产出表[227]分析重污染天气应急减排措施对经济系统的冲击，并通过 2012~2019 年各个行业产值的增长率，推算 2019 年重污染天气应急减排响应造成的经济损失。

第三节　京津冀地区大气污染应急减排成本

一、应急减排造成的直接经济损失

（一）2019 年京津冀地区重污染天气及应急预警情况描述性统计

2019 年，京津冀地区空气质量持续改善，秋冬季重污染天气治理效果明显。2019 年，京津冀地区 $PM_{2.5}$ 平均浓度为 50 微克/米3[228]，较 2013 年下降 53%[229]；重点控制区域秋冬季重污染天数总数同比下降 32.88%。如图 13-1 所示，2017~2019 年京津冀地区大气污染重点控制区域（包含北京、天津和河北的石家庄、唐山、邯郸、邢台、保定、沧州、廊坊、衡水）秋冬季重污染天数呈现出不同的变化趋势。北京、沧州和衡水对应的重污染天数持续下降，而天津对应的重污染天数持续上升。其余的石家庄、保定、邯郸等 6 个城市呈现先上升再下降的趋势。

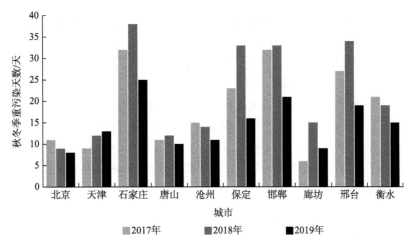

图 13-1 2017~2019 年京津冀地区大气污染重点控制区域秋冬季重污染天数变化

河北的重点控制区域秋冬季重污染天数基本高于北京和天津，其中石家庄、邯郸和邢台重污染天数相对较高。以石家庄为例，2019 年秋冬季重污染天数达到 25 天。2016 年以来，京津冀地区已经建立了统一的重污染预警分级标准，设计了黄色、橙色和红色 3 个预警等级。在黄色、橙色和红色预警期间，地方政府会启动Ⅲ级、Ⅱ级和Ⅰ级应急响应，通过停工限产等强制减排措施实现重污染天气期间 SO_2、NO_x、颗粒物（PM）、VOCs 等主要污染物的减排。2019 年，京津冀地区 13 个城市重污染天气应急响应天数如图 13-2 所示。

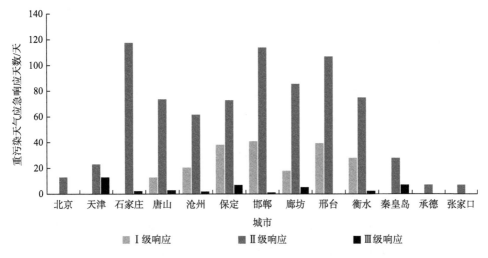

图 13-2 2019 年京津冀地区 13 个城市重污染天气应急响应天数
资料来源：13 个城市政府部门信息公开数据，并参考相关媒体公开报道

2016 年发布的《河北省重污染天气应急预案》（实施日期截至 2019 年 12 月）中根据重污染天气分布特征分别设置中南部（石家庄、廊坊、保定、衡水、邢台、邯郸和定州、辛集）、中东部（唐山、沧州）和北部（承德、张家口、秦皇岛）三个污染控制区域，河北中南部和中东部城市启动应急响应的次数明显高于天津、北京和河北北部城市。对比图 13-1 与图 13-2 发现，京津冀地区重污染天气应急响应天数超过秋冬季重污染天数，并且河北主要城市之间的差距更大。这是由于在重大公共事件期间，京津冀地区也会启动重污染天气应急响应。例如，为了实现"阅兵蓝"，京津冀地区会主动关停限产，以保障空气质量[230, 231]。

（二）应急减排对本地区造成的直接经济损失

重污染天气应急响应措施直接影响企业生产经营活动，对企业所在地区造成直接经济损失。根据不同类型重污染天气应急响应级别对不同行业的影响系数和不同级别重污染天气应急响应天数，计算 2019 年京津冀地区重污染天气应急响应对京津冀地区造成的直接经济损失，计算结果如图 13-3 所示。

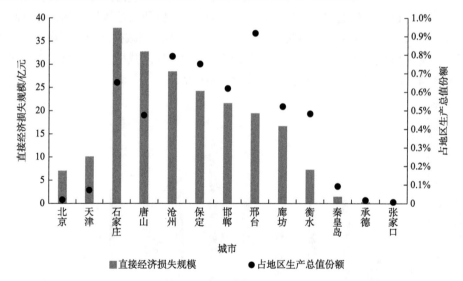

图 13-3　2019 年京津冀地区重污染天气应急响应对京津冀地区造成的直接经济损失

图 13-3 表明，京津冀地区重污染天气应急响应对石家庄造成的直接经济损失最大，达到 37.81 亿元。大气污染传输通道城市面临的直接经济损失明显大于非大气污染传输通道城市（河北省 8 个大气污染传输通道城市是石家庄、唐山、廊坊、保定、沧州、衡水、邢台、邯郸；3 个非大气污染传输通道城市是秦皇岛、

承德、张家口）[232]，唐山、沧州、保定和邯郸的直接经济损失均超过 20 亿元，而秦皇岛、承德和张家口的直接经济损失均小于 2 亿元。北京与天津面临的直接经济损失分别为 7.03 亿元和 10.08 亿元。河北的主要污染城市面临较高的直接经济损失的主要原因是这些城市对应更高的重污染天气应急响应持续天数。例如，2019 年 3 月两会期间，河北启动了长时间的 I 级响应（2019 年 2 月 24 日 0 时至 3 月 13 日 0 时启动红色预警），同时间段北京（2019 年 3 月 2 日 0 时至 3 月 4 日 24 时启动橙色预警）和天津（2019 年 2 月 28 日 12 时至 3 月 5 日 18 时启动橙色预警）采取的应急减排响应级别和持续天数明显低于河北的主要城市，河北为了实现北京的"两会蓝"做出了贡献。

重污染天气应急响应对地区经济的影响不仅与经济损失的规模相关，而且与地区经济的总量相关。本章进一步测算不同地区承受的直接经济损失占本地区经济总产值的比重，以衡量重污染天气应急响应对不同地区的经济影响程度。图 13-3 表明，重污染天气应急响应给邢台造成的直接经济损失占邢台地区生产总值的份额最高（0.92%），沧州（0.79%）和保定（0.75%）次之。河北 8 个大气污染传输通道城市面临的直接经济损失占地区生产总值的份额均接近或超过 0.50%。然而，重污染天气应急响应对北京和天津经济的冲击相对较弱，直接经济损失占地区生产总值的份额分别仅为 0.02% 和 0.07%。京津冀三地所处的发展阶段不同，第三产业在北京经济结构中占有更高的比重，故受到的重污染天气应急响应冲击较少。天津与河北因为重工业仍然在地区经济中占有很高的比重，所以重污染天气应急减排措施对地区经济的影响更大。各城市直接经济损失数额占地区生产总值的份额可以在一定程度上衡量应急响应造成该城市直接经济损失的程度。京津冀各城市主要重污染天气应急响应造成直接经济损失的程度与其经济发展水平存在不匹配的问题，经济发展相对较慢的河北在京津冀大气污染协同治理中承受了更大的损失。因而，在完善区域间生态补偿策略时，应综合考虑京津冀各地区不同的经济发展状况，将其减排造成的经济影响纳入考核指标，缓解发展较慢地区承担的过大经济压力。

二、应急减排造成的间接经济损失

（一）应急减排对本地区造成的间接经济损失

重污染天气应急响应造成的减排企业的停工停产会通过产业链影响上游原材料供应企业和下游中间产品使用企业的生产经营活动，产业关联会进一步扩大重污染天气应急响应造成的影响。本章基于投入产出模型测算了 2019 年京津冀地区 13 个城市采取的重污染天气应急响应对本地区造成的间接经济损失，计算结果如图 13-4 所示。

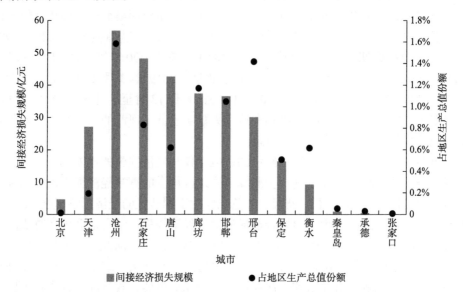

图 13-4　2019 年京津冀地区重污染天气应急响应对本地区造成的间接经济损失

　　2019 年，重污染应急响应对沧州造成的间接经济损失最大（56.83 亿元），石家庄（48.18 亿元）和唐山（42.57 亿元）次之。这 3 个城市的应急响应造成的间接经济损失规模均超过了直接经济损失规模，说明减排政策影响分析需要充分考虑产业关联效应对计算结果的影响。应急响应对沧州造成的间接经济损失占地区生产总值的份额达到 1.58%。邢台、廊坊和邯郸面临的间接经济损失占地区生产总值的份额也都超过了 1.00%，然而北京、承德和张家口对应的间接经济损失占地区生产总值的份额较低。京津冀地区重污染天气应急响应造成的间接经济损失程度同样呈现出与地区经济发展水平不匹配的情况，经济发展相对落后的河北的部分地区承受了更大的减排压力，加剧了京津冀地区发展差距。政府应该考虑将减排措施带来的间接经济损失程度纳入区域间空气质量横向补偿机制设计中，合理补偿在区域协同减排过程中经济损失程度相对较高的地区，进一步激发减排潜力。为了提高区域间横向补偿机制的针对性，本章进一步分析了重污染天气应急响应造成本地区经济损失的行业分布，测算结果如图 13-5 所示，各部门对应代码如表 13-1 所示。

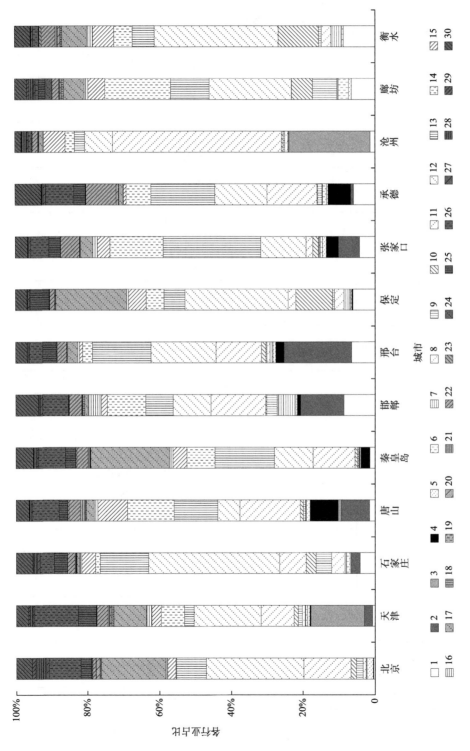

图13-5　重污染天气应急响应造成本地区经济损失的行业分布

表 13-1　各部门对应代码

部门代码	部门名称
1	农林牧渔业
2	煤炭开采和洗选业
3	石油和天然气开采业
4	金属矿采选业
5	非金属矿及其他矿采选业
6	食品制造及烟草加工业
7	纺织业
8	纺织服装鞋帽皮革羽绒及其制品业
9	木材加工及家具制造业
10	造纸印刷及文教体育用品制造业
11	石油加工、炼焦及核燃料加工业
12	化学工业
13	非金属矿物制品业
14	金属冶炼及压延加工业
15	金属制品业
16	通用、专用设备制造业
17	交通运输设备制造业
18	电气机械及器材制造业
19	通信设备、计算机及其他电子设备制造业
20	仪器仪表及文化办公用机械制造业
21	其他制造业
22	电力、热力的生产和供应业
23	燃气及水的生产与供应业
24	建筑业
25	交通运输及仓储业
26	批发零售业
27	住宿餐饮业
28	租赁和商业服务业
29	研究与试验发展业
30	其他服务业

图 13-5 表明，京津冀地区重污染天气应急响应的经济损失在各行业分布不均，强制减排措施主要冲击高能耗、高污染的工业部门[233]，如化学工业，石油加工、炼焦及核燃料加工业等。例如，石家庄化工行业对应的经济损失占该地区经济损失的份额达到了 36.52%。农业和服务业部门对应的经济损失份额相对较小，重污染天气应急响应并不直接限制农业和服务业的生产经营活动，工业企业的停产只能通过产业链间接影响对农业和服务业的需求和供给。京津冀地区各城市由重污染天气应急响应造成的经济损失在行业结构方面也存在一定差异。沧州石油和天然气开采业，石油加工、炼焦及核燃料加工业对应经济损失的份额达到 69.40%，远超其他城市对应部门所占的份额。京津冀地区不同城市的产业结构存在明显差异，在协同减排和补偿机制的设计过程中需要考虑地区经济的实际特征，制定有针对性的"一城一策"减排措施和公平合理的跨区域、跨行业成本分摊机制。

（二）应急减排对其他地区造成的间接经济损失

一个城市的停工停产不仅会直接影响本地区的生产经营活动，而且会通过区域产业链传导到其他区域，对其他地区的经济活动造成影响。京津冀城市间经济关联关系在京津冀一体化进程中不断加强，重污染天气应急响应对经济影响的区域间溢出效应更加明显。本节分别测算了京津冀 13 个城市的重污染天气应急响应对本地区及其他地区造成的影响，测算结果如表 13-2 所示。

表 13-2　2019 年京津冀地区应急响应造成的经济损失（单位：亿元）

经济损失承受地	应急减排措施实施地													总损失
	北京	天津	石家庄	沧州	唐山	邯郸	廊坊	邢台	保定	衡水	秦皇岛	承德	张家口	
全国	21.53	53.55	214.18	146.02	137.38	132.35	101.80	99.06	63.61	30.97	7.42	1.13	0.53	1 009.54
北京	11.66	3.04	8.50	5.59	4.32	10.08	5.08	5.37	0.77	1.63	0.48	0.05	0.03	56.60
天津	0.78	37.16	4.51	3.09	2.52	3.99	1.46	2.42	0.22	0.48	0.24	0.02	0.01	56.89
石家庄	0.19	0.27	85.99	1.89	1.27	3.32	1.85	1.55	0.32	0.66	0.17	0.02	0.01	97.51
沧州	0.12	0.18	2.03	85.26	0.55	1.96	0.70	0.66	0.16	0.23	0.06	0.01	0.01	91.95
唐山	0.24	0.35	2.58	1.61	75.33	3.48	1.17	1.75	0.33	0.46	0.54	0.01	0.01	87.86
邯郸	0.10	0.17	2.62	2.05	0.89	40.59	1.29	1.09	0.28	0.41	0.10	0.02	0.01	49.62
廊坊	0.06	0.11	0.47	0.29	0.16	0.53	58.05	0.19	0.05	0.12	0.02	0.01	0	60.06
邢台	0.05	0.10	1.45	1.11	0.67	1.29	0.57	49.48	0.09	0.25	0.07	0.01	0	55.15
保定	0.02	0.04	0.70	0.73	0.11	0.19	0.24	0.15	54.06	0.05	0.01	0	0	56.31
衡水	0.04	0.08	0.61	0.28	0.20	0.57	0.46	0.27	0.09	16.53	0.03	0	0	19.14

续表

经济损失承受地	应急减排措施实施地													总损失
	北京	天津	石家庄	沧州	唐山	邯郸	廊坊	邢台	保定	衡水	秦皇岛	承德	张家口	
秦皇岛	0.05	0.08	1.00	0.33	0.54	0.75	0.33	0.48	0.11	0.10	2.36	0.01	0	6.14
承德	0.03	0.06	1.02	0.24	0.16	0.43	0.46	0.17	0.06	0.09	0.02	0.68	0.01	3.44
张家口	0.04	0.07	0.78	0.10	0.09	0.22	0.19	0.12	0.10	0.04	0.02	0.02	0.23	2.01
其他地区	8.16	11.84	101.92	43.45	50.58	64.94	29.95	35.37	6.97	9.91	3.31	0.28	0.19	366.86

注：由于舍入修约，数据有偏差

从纵向分析，2019 年唐山重污染天气应急响应，导致唐山经济总产值降低 75.33 亿元，导致京津冀经济总产值降低 11.48 亿元，导致全国经济总产值降低 137.38 亿元。唐山是我国重要的钢铁供应地，重污染天气应急响应导致唐山供应给全国其他地区的钢铁原材料减少，从而对国民经济发展造成冲击。唐山重污染天气应急响应对唐山以外我国其他地区造成的经济总产值的损失（62.05 亿元）接近唐山市自身的经济损失（75.33 亿元）。河北其他大气污染传输通道城市的应急响应对全国经济的影响也非常明显，如石家庄（214.18 亿元）和沧州（146.02 亿元）。北京、天津和河北的非大气污染传输通道城市重污染天气应急响应对本地区及其他地区影响程度相对较弱，以张家口为例，2019 年重污染天气应急响应对全国经济总产值造成了 0.53 亿元的损失，远小于河北其他城市。

从横向分析，表 13-2 呈现了京津冀地区应急响应对某一特定区域经济总产值的影响。例如，京津冀地区重污染天气应急响应导致北京经济总产值损失为 56.60 亿元，其中 44.95 亿元的损失是由其他城市应急响应的区域溢出效应造成的。京津冀其他地区应急响应措施对北京造成的经济损失（44.95 亿元）甚至会超过北京自身的应急减排措施导致的损失（11.66 亿元），这一结论同样适用于河北的非大气污染传输通道城市（秦皇岛、承德、张家口）。然而，天津和河北的大气污染传输通道城市所对应的经济损失主要是自身的重污染天气应急响应所导致的。综合考虑京津冀地区重污染天气应急响应的直接影响、间接影响及区域间溢出效应，石家庄承担的经济损失最高（97.51 亿元），沧州（91.95 亿元）次之。这两个地区是河北主要大气污染物排放量最高的地区，故其在重污染天气应急响应中所面临的减排压力和承担的减排损失也是最大的。

三、京津冀地区现有"以偿代补"空气质量补偿机制讨论

2019 年，河北 $PM_{2.5}$ 平均浓度同比下降 5.8%，AQI 优良率 61.9%，达到年度

60.0%的目标。河北实施的一项重要措施是《河北省城市及县（市、区）环境空气质量通报排名和奖惩问责办法（试行）》，该办法将河北各地区划分为三类：第一类为石家庄、唐山、廊坊、保定、沧州、衡水、邢台、邯郸 8 个大气污染传输通道城市；第二类为上述 8 市所辖县（市、区）和定州、辛集等 134 个县（市、区）；第三类为非大气污染传输通道城市，即承德、张家口、秦皇岛及其所辖县（市、区），以 $PM_{2.5}$ 浓度、AQI 作为考核指标计算加权得分确定补偿城市、被补偿城市和补偿金额。以第一类 8 个大气污染传输通道城市为例，对月度空气质量排名倒数第 1 名至倒数第 3 名的，分别扣减 100 万元、80 万元、60 万元；对月度排名第 1 名至第 3 名的，分别奖励 100 万元、80 万元、60 万元。本章梳理了 2019 年河北跨区域净补偿金额情况，结果如图 13-6 所示。

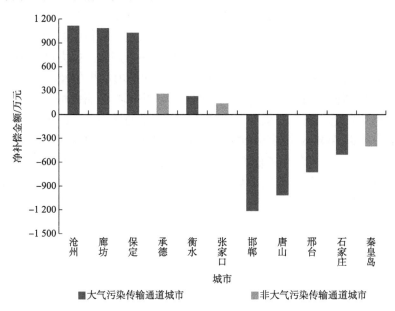

图 13-6　2019 年河北跨区域净补偿金额柱状图

正值表示接受补偿资金，负值表示上缴补偿资金

对比表 13-2 与图 13-6 的结果，发现奖惩金额明显小于前文测算的减排损失。以沧州为例，2019 年重污染天气应急响应导致的经济总产值损失达到 91.95 亿元，而沧州从河北省财政厅得到的奖励资金仅有 1 116 万元。沧州获得的奖金并不足以弥补重污染天气应急响应带来的损失，现行的奖惩问责办法的"以偿代补"效果并不理想。需要向河北省财政厅缴纳惩罚资金的城市，由于罚金显著低于减排所带来的损失，那么现行的奖惩问责办法能否达到督促地方减排的目的还需要进一步研究。本章进一步对比大气污染传输通道城市与非大气污染传输通道城市对应补偿金额，发现 3 个非大气污染传输通道城市之间的补偿金额明显小于 8 个大气

污染传输通道城市之间的补偿金额。基于本章测算重污染天气应急响应对于非大气污染传输通道城市的影响要明显小于大气污染传输通道城市的结论，河北现有空气质量奖惩问责办法按照大气污染传输通道城市进行区域划分的方式是合理的。但是，重污染天气应急响应的污染控制区却未按照大气污染传输通道城市进行划分，导致某些地区在实施重污染天气应急响应时与 8 个大气污染传输通道城市趋于一致，而在空气质量排名中又与非大气污染传输通道城市归为一类。建议政府能够考虑统一污染控制区域划分与奖惩问责区域划分的标准，把区域应急减排响应经济损失的地区差异性作为区域间横向补偿机制设计的重要参考指标。

　　8 个大气污染传输通道城市中邯郸向河北省财政厅上缴了最大规模的惩罚资金，达到了 1 214 万元，唐山、邢台和石家庄次之。沧州获得的奖励资金最高，达到 1 116 万元，廊坊、保定和衡水次之。但从经济损失占经济总产值份额的角度分析，邢台减排的经济损失程度最高，沧州和保定次之。现行的奖惩问责办法中沧州和保定获得奖励资金在一定程度上激励两地进一步加大减排力度，但是邢台却仍然需要向河北省财政厅缴纳罚金。衡水、邯郸和唐山承担的经济损失占地区经济总产值的份额相对较低。现行的奖惩问责办法中邯郸和唐山均需要向河北省财政厅缴纳惩罚资金，在一定程度上起到了督促减排的作用。京津冀地区现有区域补偿机制主要以 AQI 或主要污染物浓度的绝对值和改善率作为补偿依据，其受空气质量监测站点分布和气象条件影响明显，而且不能直接反映地区减排承担的经济损失。建议河北现行的空气质量奖惩问责办法进一步优化现有的城市排名方案，不仅关注空气质量排名和改善程度，而且要将各个城市减排造成的经济损失程度作为排名的一个考察指标。在实际操作中，河北省人民政府可以考虑将减排损失占地区经济总产值的份额作为指标之一。

第十四章　京津冀地区空气质量补偿支付意愿

北京、天津和河北不断深化区域间大气污染联防联控，但是空气质量补偿仍局限于三地内部，亟须建立三地之间的空气质量补偿制度。居民作为环境空气质量改善的直接受益者，在有关政策上表现的态度和意愿会对政府大气污染治理行为的选择产生影响，因此评估居民对于大气污染治理类政策的支付意愿（willingness to pay，WTP）有助于针对性地完善有关措施内容。本章通过问卷调研获取京津冀地区 1 616 位居民的社会经济学属性、污染风险认知、政策认可和支付意愿等所需数据，运用 Logistic 回归模型对京津冀地区居民的环境空气质量补偿的支付意愿及其影响因素进行实证分析，并探讨有关影响因素。结果表明，从补偿意愿来看，京津冀地区居民的环境空气质量补偿的平均支付意愿为 956.28 元/年；北京市居民的平均支付意愿相对较高，河北省居民的平均支付意愿相对较低；受教育程度、健康状况对支付意愿有正影响，应重视培养居民的大气污染风险认知和环保意识。

第一节　空气质量补偿支付意愿及研究现状

京津冀地区大气污染区域联防联控机制不断深化，但是大气污染治理所带来的空气质量改善效益的外部性一直是制约区域协同减排的症结。生态补偿机制可以在一定程度上解决生态环境保护领域的外部性问题[234]，我国多个省市先后推行了空气质量补偿办法。现有的空气质量补偿制度通常是省级行政区依照辖区内市级行政区大气污染情况或空气质量改善情况进行相应补偿资金奖惩，通过地方政府间财政转移支付的形式督促各地关注大气污染治理问题、激发各地减排潜力。京津冀地区空气质量补偿制度处于起步阶段。2018 年北京市提出要加快研究建立空气质量保护补偿机制，目前，北京市实施与空气质量改善挂钩的专项资金转移支付制度；2015 年天津市开始实施空气质量考核办法，围绕空气质量综合指数和 PM$_{2.5}$、PM$_{10}$ 浓度改善情况，根据实际情况进行考核；2018 年河北省开始实施空气质量奖惩问责办法，该办法将河北省的城市分为三类，依据 AQI 和 PM$_{2.5}$ 的绝对值和改善率进行考核排名，依据考核排名进行相应补偿资金奖惩。如何建立北京市、天津市和河北省之间的空气质量补偿制度，仍然是学术界和业界共同关注的热点。在此现实背景下，本章将针对以下问题展开研究：京津冀地区居民对于现有的环境空气质量补偿制度的认可程度如何？居民对空气质量补偿的支付意愿是怎样的？本章在充足文献综述的基础上，探索居民对于空气质量补偿制度的主观认知情况，评估居民对环境空气质量补偿的支付意愿，旨在为环境空气质量补偿制度寻找合理可行的完善方向。

在居民对大气类公共物品支付意愿方面，由于公共物品的外部性等特征，在环境类公共物品的经济价值评价或需求分析中常用支付意愿作为公共物品价值的表征指标[235]。支付意愿是指消费者愿意为其所消费的物品或劳务支付的最大金额，代表了消费者对该物品或劳务的个人估价。居民对环境治理的支付意愿可以在一定程度上反映其对于社会环境的偏好程度。目前，国内外对于流域、草场、农田、森林、湿地、大气、旅游景观等生态环境资源已经展开了公众支付意愿调研。在大气污染治理方面，居民作为空气质量改善的直接受益者，在有关政策上表现的态度和意愿会对政府大气污染治理行为的选择产生影响[236]，因此评估居民对于大气污染治理类政策的支付意愿有助于针对性地完善有关措施内容，从而使得政策效果最大化。目前，居民对大气类公共物品支付意愿的研究主要有以下两个方向：一是直接调研居民对空气质量整体改善的支付意愿，如魏巍贤和罗庆鹤调研了京津冀地区居民对 PM$_{2.5}$ 降低的支付意愿，同时确定了居民对降低 PM$_{2.5}$ 的行为选择[237]；么相姝调研了天津市居民对大气污染治理的支付意愿，并对影响居民支付意愿的社会经济属性和大气污染认知因素进行了分析探讨[238]。二是调研居民对特定的环境制度或政策细则的支付意愿，如张保留等评估了京津冀及周边地区居民对清洁取暖的支付意愿和影响因素[239]；薛景文考察了居民对环保税的支付意愿及城市空气污染状况对支付意愿的影响[240]。

在支付意愿评估方法方面，条件价值评估法是依据效用最大化原理对环境资源等公共物品进行价值评估的方法。1947 年，Ciriacy-Wantrup 在研究预防土壤的资源侵蚀防治的正外部性时最早提出了条件价值评估法[241]。1963 年，Davis 运用条件价值评估法对林地的规划价值进行了评估[242]。此后，条件价值评估法多用于定量评估环境资源的经济价值[242~244]。具体来看，条件价值评估法是在假设的市场条件下，以问卷调查或直接调研等形式调查受访者对某种环境资源偏好的评估方法，即评估受访者为消费这种特定的环境公共物品或享有这项特定的生态环境服务所愿意支付的最大金额，或是对于失去这种环境公共物品或放弃这项生态环境服务愿意接受的最小赔偿金额（willingness to accept，WTA）[243]。目前，条件价值评估法已被广泛应用于环境资源、公众支付意愿、能源等领域的公共物品或服务的经济价值评估中[244~249]，在环境资源价值评估方面，主要针对的非市场商品有清洁空气资源[250, 251]、水资源[252]、自然景观[253]等。有关居民对大气污染治理支付意愿的研究多集中于对整体大气环境改善的支付意愿，缺少直接针对空气质量补偿办法的支付意愿的调研。评估居民对于空气质量补偿的支付意愿和大气污染对居民产生的影响对于环境空气质量补偿政策决策具有重要意义。

条件价值评估法有连续型和离散型两类。连续型条件价值评估法可以分为投标博弈法、开放式问题格式和支付卡格式，其中，投标博弈法的调研结果受起点价格的影响较大，现在使用较少[254]；开放式问题格式通过直接询问受访者的支付意愿进行评估，当受访者对于所提问的领域不熟悉时回答难度较大，因而结果的代表性也相对较差；支付卡格式通过补充适当的背景资料和提供一组对于该项目或其他相关公共项目给定的支付金额选项，相比于开放式问题格式可以更好地帮助受访者进行作答，但同时支付卡中的支付金额可能在一定程度上干扰受访者确定自己的支付意愿。离散型条件价值评估法的问卷形式为封闭式。1979 年 Bishop 和 Heberlein 最早在条件价值评估法中引入了封闭式问卷[255]。随后，Hanemann 和 Michael[256]、Hanemann 和 Kanninen[257]建立了相关问卷选项与支付意愿的函数关系，离散型条件价值评估法也逐渐得到广泛应用。双边界二分式条件估值法是在直接询问受访者是否愿意支付给定的投标值的基础上，对受访者进行二次提问[258]，进一步明确其支付意愿。本章在比对已有居民支付意愿问卷的基础上，使用二分式条件估值法设计问卷，对京津冀地区 1 616 位居民的大气污染治理和空气质量补偿办法的支付意愿进行调研，了解居民对于空气质量补偿办法的支付意愿及其影响因素，为完善和深入推行空气质量补偿办法提供方向。

第二节　空气质量补偿支付意愿评估模型

一、问卷设计与发放

本节通过问卷的方式调研京津冀地区居民对于其所居住地区的大气污染的风险认知、对于各地现行的空气质量补偿办法的认可程度，在此基础上通过条件价值评估法对京津冀地区居民环境空气质量补偿意愿进行估计。完整问卷包括五部分内容。其中，第一部分为调查问卷前言，主要是向受访者表明调研者的身份和调研的目的。第二部分为受访者社会属性调研，包括受访者的人口学和社会经济变量，主要询问受访者的基本人口学特征。

问卷的第三部分为大气污染风险认知部分，这部分采用利克特五级量表的形式，主体是大气污染风险感知量表，从关注和认知、个人防护和环保意识等方面刻画居民的大气污染风险感知情况[259]。其中，关注和认知维度询问居民对于空气质量变化趋势的感知、对于居住地空气质量的满意程度和对于上年秋冬季空气污染的感知情况；个人防护和环保意识维度询问居民对于空气污染状况的关注程度、是否采取过相应的防护措施、减少出行频率和是否关注家电等商品的节能参数，从而描述居民对于大气污染的整体感知情况。

问卷的第四部分为政策认可程度部分，这部分也采用利克特五级量表的形式，从政策满意度和感知治理两方面将居民对于空气质量补偿政策的满意情况定量化[237, 260]。其中，政策满意度维度询问居民对于现行环境空气质量补偿办法、补偿模式、考核指标等的满意程度；感知治理维度询问居民环境空气质量补偿办法是否应该推广至区域之间、长期实施是否可以促进大气环境的改善、是否有利于平衡经济发展和环境保护、最终是否会令居民满意，以此反映居民对于现有环境空气质量补偿办法的认可程度。

问卷的第五部分为居民支付意愿调研部分，核心变量是居民的支付意愿，这部分采用二分式支付卡的形式，包括居民对于大气污染防治类政策的支付意愿和对于环境空气质量补偿办法的支付意愿[238, 261]。其中，这部分首先询问居民对于大气污染防治类政策是否愿意支付一定费用，如果拒绝支付则询问其理由，如果同意支付则采用二分式选项卡确定其支付意愿；其次，向居民介绍空气质量补偿办法的政策情况和实施现状，进一步询问居民认为政府从用于支持大气污染防治类政策的费用中拿出多大比例支持空气质量补偿办法比较合理，引导居民逐步明确自己对于空气质量补偿办法的支付意愿。

受访者是京津冀地区 13 个城市的 1 616 位居民，问卷以线上问卷的形式通过"问卷星"专业问卷调查平台完成整体设计，并借助微信等社交平台进行问卷的发放和回收。为确保调查问卷的质量，一方面，在进行正式调研之前，发放了 220 份预调研问卷，对居民的支付意愿情况进行开放式的预调研，基本确定了支付意愿选项卡的合理范围，同时结合居民对于预调研问卷的相关建议和作答情况对调研问卷进行修改完善。另一方面，针对网络问卷可能存在的作答质量问题，在问卷设计中，选项依据预调研的结果进行了修改完善，在此基础上设置所有题目均为必答题；在问卷发放过程中，对于作答 IP（Internet protocol，互联网协议）地址、作答时长进行了限制；问卷回收后，确保问卷的作答 IP 地址与问卷中关于常住地区的回答结果一致。

二、条件估值的 Logistic 回归模型

问卷的核心部分为第五部分，即居民支付意愿调研部分，该部分使用双边界二分式条件估值法设置题项。在双边界二分式条件估值模型中，假设设置的初始投标值为 W_0，如果居民可以接受 W_0 则再选择一个高于 W_0 的较高投标值 W_h，如果居民不能接受 W_0 则再选择一个低于 W_0 的较低投标值 W_l，对于 W_h 或 W_l 进行二次提问，则居民的回答结果的可能情况为"是、是"（yy）、"是、否"（yn）、"否、是"（ny）、"否、否"（nn）。根据这四种情况的概率分布可以建立起极大似然估计的对数似然函数模型，通过数学期望公式可以确定居民的支付意愿估计值。假设居民 i 的回答受设置的投标值和社会经济变量的影响，且存在线性关系，则其关系为

$$y = \alpha_0 + \beta x_i + cW + \varepsilon \tag{14-1}$$

其中，W 为投标值；x_i 为一组解释变量，即可能影响居民支付意愿的社会经济变量；α_0、β、c 为相应变量的参数；ε 为随机误差项。

假设居民 i 回答"是、是"（yy）、"是、否"（yn）、"否、是"（ny）、"否、否"（nn）的概率分别为 P_{yy}、P_{yn}、P_{ny}、P_{nn}，假设其分布为 Logistic 函数，则四种回答对应的分布概率为

$$P_{yy} = 1 - \frac{1}{1 + \exp(\alpha_0 + \beta x_i + cW_h)} \tag{14-2}$$

$$P_{yn} = \frac{1}{1 + \exp(\alpha_0 + \beta x_i + cW_h)} - \frac{1}{1 + \exp(\alpha_0 + \beta x_i + cW_0)} \tag{14-3}$$

$$P_{ny} = \frac{1}{1 + \exp(\alpha_0 + \beta x_i + cW_0)} - \frac{1}{1 + \exp(\alpha_0 + \beta x_i + cW_l)} \tag{14-4}$$

$$P_{nn} = \frac{1}{1 + \exp(\alpha_0 + \beta x_i + cW_l)} \tag{14-5}$$

对应的双边界二分式对数模型为

$$\ln L = \sum_{i=1}^{n} \left(yy_i P_{yy} + yn_i P_{yn} + ny_i P_{ny} + nn_i P_{nn} \right) \tag{14-6}$$

因为 WTP ≥ 0，根据式（14-7）可以估算出 WTP 的数学期望值：

$$WTP = \int_0^{W_{max}} \frac{dW}{1 + \exp(-\alpha_0 - \beta x - cW)} \tag{14-7}$$

其中，W 为投标值；x 为影响居民的生态补偿的支付意愿变量的平均值；c 和 β 为对应的回归系数。

三、平均支付意愿的估计与检验

根据上述二分式条件估值的 Logistic 回归模型对实际调查的数据进行适当整理后，分别选取性别、年龄、居住地、学历、月收入水平、健康状况、大气污染风险认知、政策满意度等因子作为模型中的解释变量，各变量名称、解释说明与赋值方式见表 14-1。

表 14-1　变量名称、解释说明与赋值方式

变量名称	解释说明	赋值方式
Bid	投标值	—
Gender	性别	1=男；0=女
Age	年龄	1=18~29；2=30~39；3=40~49；4=50~59；5≥60
City	居住地	1=北京；2=天津；3=河北
Edu	学历	1=高中及以下；2=专科；3=本科；4=研究生
Inc	月收入水平/元	1=0~999；2=1 000~2 499；3=2 500~3 999；4=4 000~6 499；5=6 500~8 999；6=9 000~11 999；7=12 000~14 999；8=15 000~19 999；9≥20 000
Health	健康状况	1=很差；2=较差；3=一般；4=较好；5=良好
Risk	大气污染风险认知	主成分法提取关注和认知、个人防护和环保意识两部分调查结果的因子得分
Sat	政策认可程度	主成分法提取政策满意度、感知治理两部分调查结果的因子得分

在是否愿意对大气污染防治类政策进行支付方面，对于有支付意愿的居民进一步设定一系列投标值询问其支付意愿数额，如询问居民是否能够接受每月支付 20 元用于支持大气污染防治类政策的实施，如果居民表明接受，进一步询问其是否能够接受每月支付 50 元用于支持大气污染防治类政策的实施，如果居民表明拒绝，则进一步询问其是否可以接受每月支付 10 元用于支持大气污染防治类政策的实施，因而对于每组投标值，居民回答的可能情况有"支持-支持""支持-反对""反对-支持""反对-反对"。根据问卷预调研的反馈结果并参考相关研究成果，各组投标值设定如表 14-2 所示。

表 14-2　投标值样本分布

初始投标值	较高投标值	较低投标值	支持-支持	支持-反对	反对-支持	反对-反对
20	50	10	47.65%	3.28%	3.03%	46.04%
50	80	20	36.26%	11.39%	3.28%	49.07%
80	110	50	30.38%	5.88%	11.39%	52.35%

注：由于舍入修约，数据有偏差

第三节　京津冀地区空气质量补偿支付意愿分析

一、调查结果的统计性分析

（一）样本社会属性的描述性统计

在受访者社会属性部分，本次问卷调查共收到 1 616 份完整问卷，如表 14-3 所示。

表 14-3　样本结构与 2020 年京津冀地区人口结构比较

人口学变量	分组	回收问卷占比	京津地区实际占比
性别	男	53.03%	50.76%
	女	46.97%	49.24%
受教育程度	高中及以下	41.15%	78.54%
	专科	31.50%	9.41%
	本科	23.51%	10.08%
	研究生	3.84%	1.97%

从受访者性别分布来看，样本中男性占 53.03%，女性占 46.97%（2020 年京津冀地区人口中男性占 50.76%，女性占 49.24%），样本男性占比略高。从受访者受教育程度来看，高中及以下占 41.15%，专科占 31.50%，本科占 23.51%，研究生占 3.84%。从受访者居住城市来看，各城市受访者占比如图 14-1 所示。

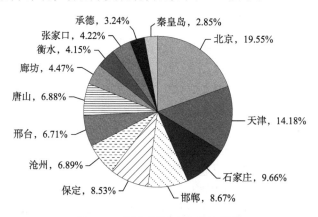

图 14-1　样本所属地级市示意图

样本覆盖京津冀地区所有地级市，且各地级市问卷回收数量占总问卷回收数量的比例与 2020 年各地级市人口数占京津冀地区总人口数的比例基本一致。此外，样本的工作状况、月收入水平、健康状况等分布情况见表 14-4。

表 14-4　样本社会属性的描述性统计

社会经济学变量	分组	人数	占比
工作状况	全日制学生	75	4.64%
	全职工作	997	61.70%
	兼职工作	330	20.42%
	个体	175	10.83%
	退休/失业/待业/家庭主妇	39	2.41%
月收入水平	0~999 元	46	2.85%
	1 000~2 499 元	230	14.23%
	2 500~3 999 元	476	29.46%
	4 000~6 499 元	475	29.39%
	6 500~8 999 元	221	13.68%
	9 000~11 999 元	92	5.69%
	12 000~14 999 元	41	2.54%
	15 000~19 999 元	12	0.74%
	≥20 000 元	23	1.42%
健康状况	很差	40	2.48%
	较差	95	5.88%
	一般	481	29.76%
	较好	526	32.55%
	良好	474	29.33%

（二）样本认知情况的统计性分析

在大气污染风险认知的关注和认知方面，37.07%的受访者认为居住地区的空气质量状况"有所改善"或"明显变好"，并且 62%的受访者表明空气质量状况对其和附近居民的健康状况有所影响。在个人防护和环保意识方面，194 位受访者在 4 个维度均表现出了积极的防护和环保意识。其中，32.61%的受访者在出行前主动查询过空气质量状况方面表现积极，33.17%的受访者在空气污染严重天气采取一定防护措施方面表现积极，36.69%的受访者在重污染天气尽量减少出行频率方面表现积极，43.07%的受访者在购买冰箱、洗衣机等家电时在其节能环保参数的关注程度方面表现积极。

在政策认可程度的政策满意度方面，44.18%的受访者在补偿模式认可程度上表现为积极水平；50.44%的受访者在考核指标认可程度上表现为积极水平，说明受访者对于现有补偿办法的考核指标较为认可。针对补偿资金标准，北京、天津和河北三地受访者中北京的受访者对于现有支付标准的认可程度更高，为59.17%。在政策认可程度的感知治理方面，55.88%的受访者在空气质量补偿制度应该推广方面的认可程度表现为积极水平；50.87%的受访者在空气质量补偿办法长期实施会改善空气质量方面的认可程度表现为积极水平；47.1%的受访者在空气质量补偿办法长期实施可帮助省内各市平衡经济发展和环境保护之间的关系方面的认可程度表现为积极水平，说明总体有近一半的受访者在空气质量补偿办法的长久效益方面表现出积极态度。

在支付意愿部分，调查问卷询问受访者是否愿意从每月的收入中拿出一部分支持大气污染防治类政策的实施，有872位受访者表明愿意支付一定数额的资金，占样本总量的53.96%，有744位受访者表明不愿意支付，占样本总量的46.04%。进一步对拒绝支付的受访者进行提问，询问其拒绝支付的原因，其中，44.66%受访者认为"这些政策由政府负责，不应收取额外费用"，22.40%受访者认为"空气质量改善对自己影响不大，没有必要支付"，20.50%受访者认为"该类政策没有明显的作用"，6.15%受访者表明"家庭收入较低，没有支付能力"，5.12%受访者质疑补偿资金的实际支付用途，1.17%受访者出于其他原因拒绝支付。在所有拒绝支付的受访者中，除去家庭经济原因拒绝支付外，其他的情况视为抗拒支付，则本次调研的抗拒支付率为43.19%。从该部分的调研情况来看，部分居民认为大气污染属于政府的职责，不应由居民承担费用，还有部分居民质疑大气污染治理的效果。在此基础上，进一步询问受访者从用于支持大气污染防治类政策的费用中拿出多少用于实施空气质量补偿办法政策比较合理，调研结果的平均值为56.85%，即本次问卷调研的受访者认为从支持大气污染防治类政策中拿出56.85%的资金用于实施空气质量补偿办法较为合理，从侧面说明调查的受访者对于空气质量补偿办法有一定认可度。

二、问卷信度效度检验

为保证问卷分析的科学性和有效性，本章通过 IBM SPSS Statistics 26.0 对问卷的大气污染风险认知部分和政策认可程度部分进行信度和效度检验。

（一）问卷信度检验

信度检验用于反映针对量表同一组问题不同回答结果之间的可靠性和稳定性，通常采取 Cronbach's α 系数来评价，结果如表 14-5 所示。

表 14-5　信度检验结果

维度	Cronbach's α 系数	基于标准化的 Cronbach's α 系数	项数
关注和认知	0.741	0.742	3
个人防护和环保意识	0.738	0.738	4
政策满意度	0.651	0.651	2
感知治理	0.753	0.753	4

在对问卷个别问题进行适当剔除后，用于刻画大气污染风险认知的关注和认知与个人防护和环保意识维度及用于刻画政策认可程度的政策满意度和感知治理维度的 Cronbach's α 系数和基于标准化的 Cronbach's α 系数均大于 0.6，表明问卷信度良好。

（二）问卷效度检验

效度检验用于反映问卷对测量内容的真实有效程度，通常采取 KMO 和 Bartlett 球形检验[262]，测度量表变异形态的百分率，结果如表 14-6 所示。其中 KMO 系数为 0.886，接近于 1，同时 Bartlett 球形检验的显著性为 0，说明问卷的结构效度良好。

表 14-6　KMO 和 Bartlett 球形检验

检验结果	KMO 系数	0.886
取样足够的 KMO 和 Bartlett 球形检验	近似卡方	87 137.57
	df	91
	Sig.	0

三、Logistic 回归结果分析

使用 IBM SPSS Statistics 26.0 软件将京津冀地区受访者的调查数据进行 Logistic 回归分析，并对回归结果进行双边界二分式分析，受访者平均支付意愿的估计结果如表 14-7 所示。

表 14-7　双边界二分式模型 Logistic 回归估计结果

项目	标准化回归系数	t-检验
常数项	—	-9.42**
性别	1.66	38.34***
居住地	-9.43	-17.57***
学历	16.27	21.15***
健康状况	1.25	24.06***
月收入水平	-4.72	-12.86**
大气污染风险认知	1.88	3.69*
政策认可程度	-7.59	-13.81**
投标值	-0.29	-10.77**

***、**、*分别表示 0.1%、1%、5%水平上显著

　　对模型进行计量经济学检验，关于模型的拟合优度检验统计方面，模型拟合的显著性为 0（小于 5%），说明模型通过显著性检验，具有统计意义。关于 Pearson 检验，模型的 Pearson 卡方显著值为 1.000，概率较大，说明模型对原始数据的拟合通过 Pearson 检验；关于模型的伪 R^2 检验，模型的 Cox-Snell 伪 R^2 值为 0.755，Nagelkerke 伪 R^2 值为 0.857，McFadden 伪 R^2 值为 0.660，伪 R^2 值越接近 1，模型对原始变量的解释程度越好，说明模型的拟合优度较好。

　　对京津冀地区居民对于大气污染治理类政策的支付意愿情况进行 Logistic 回归分析。从各个影响因子的显著性水平来看，年龄这一影响因子不具有统计学上的显著性，说明在本次调研中年龄差异并没有显著影响居民的支付意愿，即年龄大或小的京津冀居民在环境空气质量补偿意愿方面并没有显著差异，可能是由于生态补偿机制在大气污染防治领域起步较晚，并且不会对特定年龄段群体产生特定影响，因此在最终的平均支付意愿估计模型中剔除年龄这一解释变量。在相关研究中，年龄对于大气污染治理的支付意愿通常与政策实际影响的主要人群相关，如在上海市大气环境质量改善的支付意愿研究中，日常出行的居民较为年轻，对空气质量的要求相对较高，年龄影响因子的回归系数为负值，即年龄越小支付意愿的概率越大，但在清洁取暖等主要影响老年群体的环境政策中，居民的年龄对大气污染防治的支付意愿具有正影响[8]。对于其他解释变量，除大气污染风险认知因子的显著性水平较低（在 5%的水平上显著）外，其他解释变量均在 1%或 0.1%的水平上显著，显著性水平良好。

　　具体来看，性别影响因子的系数为 1.66，说明在本次调查中男性受访者的平均支付意愿大于女性受访者。居住地影响因子的系数为-9.43，说明在本次调查中河

北受访者的平均支付意愿相对较低，北京受访者的平均支付意愿相对较高，即实证结果表明，居民对于环境空气质量补偿的支付意愿与当地经济发展水平呈正相关关系，这与通常的认知相符，即在经济发展水平相对较高的地区，居民对空气质量改善的需求也相对较高，对清洁空气等公共资源的需求和支付能力也相对较高。学历影响因子的系数为 16.27，说明在本次调查中高学历受访者的支付意愿高于低学历受访者，分析为受教育程度越高，对于大气污染感知状况也越为清晰，因而对大气污染防治类政策的支付意愿会有正影响，有关研究表明居民受教育年限对于环境的偏好程度具有正影响，进而对环境治理的支付意愿具有正影响[263]。健康状况影响因子的系数为 1.25，说明健康状况与支付意愿呈正相关关系，即健康状况越好的居民对于环境空气质量补偿的支付意愿越高，有关研究结果表明居民健康状况对空气质量改善的支付意愿具有正影响[239]。月收入水平影响因子的系数为 -4.72，表明在本次调查中月收入水平对于支付意愿具有负影响，这与通常认知的情况不符，通常情况下高收入群体对大气环境质量改善的支付意愿相对较高，可能是因为收入水平较低的受访者在户外工作的情况相对较多，因而对于空气质量的要求较高，对于空气质量改善的意愿也更强烈，这对支付意愿具有正影响。大气污染风险认知影响因子的系数为 1.88，说明对于大气污染状况的感知对于支付意愿有较弱的正影响，表明京津冀居民对于大气污染风险认知情况越高，对于环境空气质量补偿机制的支付意愿也就越高，这与相关文献的研究结果一致[239]。政策认可程度影响因子的系数为负值，说明对于大气污染治理政策目前的情况越满意，支付意愿越低。

可以计算出京津冀地区居民对于大气污染治理的平均支付意愿约为 135.08 元/月，即 1 620.96 元/年，对于环境空气质量补偿的平均支付意愿约为 79.79 元/月，即957.48 元/年。在相关参考文献中，天津市居民在 2016 年对大气环境质量改善的平均支付意愿为 845.69 元/年[239]，济南市居民在 2017 年对雾霾治理的平均支付意愿为 21.26 元/月[32]，京津冀地区居民在 2017 年对于 $PM_{2.5}$ 治理的支付意愿为 68.03元/月[239]。一方面，本章的研究结果与之前研究中支付意愿相比略高，可以推测随着居民健康意识的提高，对于空气质量的要求在不断提高，同时在收入水平的增长下对于公共环境资源的支付能力也有所提高，因此支付意愿总体上呈现逐渐增长的趋势。另一方面，本章与其他研究结果的差异可能是调研对象、调研方法等不同造成的，并且随着大气污染防治攻坚战的不断深入，居民对于空气质量的要求不止停留在"达标"，还期待更多"优良"天气的出现，本章设置的大气环境质量改善的目标门槛相对较低。

参 考 文 献

[1] 新华社. 习近平出席全国生态环境保护大会并发表重要讲话[EB/OL]. http://www.gov.cn/xinwen/2018-05/19/content_5292116.htm, 2018-05-19.

[2] 生态环境部. 关于发布《第二次全国污染源普查公报》的公告[EB/OL]. http://www.gov.cn/xinwen/2020-06/10/content_5518391.htm, 2020-06-10.

[3] 生态环境部. 生态环境部发布《中国移动源环境管理年报（2021）》[EB/OL]. http://www.gov.cn/xinwen/2021-09/11/content_5636764.htm, 2021-09-11.

[4] 马丽梅, 张晓. 中国雾霾污染的空间效应及经济、能源结构影响[J]. 中国工业经济, 2014, 4: 19-31.

[5] 刘海猛, 方创琳, 黄解军, 等. 京津冀城市群大气污染的时空特征与影响因素解析[J]. 地理学报, 2018, 73（1）: 177-191.

[6] 薛文博, 付飞, 王金南, 等. 中国 $PM_{2.5}$ 跨区域传输特征数值模拟研究[J]. 中国环境科学, 2014, 34（6）: 1361-1368.

[7] 蒲维维, 石雪峰, 马志强, 等. 大气传输路径对上甸子本底站气溶胶光学特性的影响[J]. 环境科学, 2015, 36（2）: 379-387.

[8] 赵晨曦, 王云琦, 王玉杰, 等. 北京地区冬春 $PM_{2.5}$ 和 PM_{10} 污染水平时空分布及其与气象条件的关系[J]. 环境科学, 2014, 35（2）: 418-427.

[9] 王燕丽, 薛文博, 雷宇, 等. 京津冀区域 $PM_{2.5}$ 污染相互输送特征[J]. 环境科学, 2017, 38（12）: 4897-4904.

[10] 张增凯, 刘慧文, 杜慧滨, 等. 京津冀地区大气主要污染物虚拟治理成本分摊研究[J]. 环境科学学报, 2022, 42（2）: 486-492.

[11] Li Y, Meng J, Liu J F, et al. Interprovincial reliance for improving air quality in China: A case study on black carbon aerosol[J]. Environmental Science & Technology, 2016, 50（7）: 4118-4126.

[12] Zhang W, Liu Y, Feng K, et al. Revealing environmental inequality hidden in China's inter-regional trade[J]. Environmental Science & Technology, 2018, 52（13）: 7171-7181.

[13] 索成, 赵红艳, 王鑫, 等. 京津冀及周边地区区域贸易隐含二氧化硫排放[J]. 环境科学学报, 2019, 39（11）: 3916-3923.

[14] Our World in Data. How many people die from air pollution?[EB/OL]. https://ourworldindata.org/data-review-air-pollution-deaths/, 2022-05-11.

[15] Roy R，Braathen N A. The rising cost of ambient air pollution thus far in the 21st century：Results from the briics and the OECD countries[R]. OECD Environment Working Papers，2017：124.

[16] 张广来，张宁. 健康中国战略背景下空气污染的心理健康效应[J]. 中国人口·资源与环境，2022，32（2）：15-25.

[17] Chang T，Zivin J G，Gross T，et al. Particulate pollution and the productivity of pear packers[J]. American Economic Journal：Economic Policy，2016，8（3）：141-169.

[18] Colicino E，Power M C，Cox D G，et al. Mitochondrial haplogroups modify the effect of black carbon on age-related cognitive impairment[J]. Environmental Health，2014，13（1）：42.

[19] Lim Y H，Kim H，Kim J H，et al. Air pollution and symptoms of depression in elderly adults[J]. Environmental Health Perspectives，2012，120（7）：1023-1028.

[20] Bakian A V，Huber R S，Coon H，et al. Acute air pollution exposure and risk of suicide completion[J]. American Journal of Epidemiology，2015，181（5）：295-303.

[21] Levinson A. Valuing public goods using happiness data：The case of air quality[J]. Journal of Public Economics，2012，96（9）：869-880.

[22] 邢华，胡漾月. 大气污染治理的政府规制政策工具优化选择研究——以北京市为例[J]. 中国特色社会主义研究，2019，3：103-112.

[23] Wang P，Liu L，Wu T. A review of China's climate governance：State，market and civil society[J]. Climate Policy，2018，18（1/5）：664-679.

[24] 吴芸，赵新峰. 京津冀区域大气污染治理政策工具变迁研究——基于 2004-2017 年政策文本数据[J]. 中国行政管理，2018，10：78-85.

[25] 赵新峰，袁宗威. 区域大气污染治理中的政策工具：我国的实践历程与优化选择[J]. 中国行政管理，2016，7：107-114.

[26] 陈庆云. 公共政策分析[M]. 第 2 版. 北京：北京大学出版社，2011.

[27] Zhao X，Thomas C W，Cai T. The evolution of policy instruments for air pollution control in China：A content analysis of policy documents from 1973 to 2016[J]. Environmental Management，2020，66：953-965.

[28] Zhou M，Liu H，Peng L，et al. Environmental benefits and household costs of clean heating options in northern China[J]. Nature Sustainability，2022，5：329-338.

[29] Wang S W，Su H，Chen C C，et al. Natural gas shortages during the "coal-to-gas" transition in China have caused a large redistribution of air pollution in winter 2017[J]. Proceedings of the National Academy of Sciences of the United States of America，2020，117（49）：31018-31025.

[30] 邓恩 W N. 公共政策分析导论[M]. 第二版. 谢明，等译. 北京：中国人民大学出版社，2011.

[31] 谢明. 公共政策概论[M]. 北京：中国人民大学出版社，2010.

[32] Feng T，Du H B，Coffman D，et al. Clean heating and heating poverty：A perspective based on cost-benefit analysis[J]. Energy Policy，2021，152（1）：112205.

[33] 环保 365. 常用 VOCs 末端治理技术有哪些？[EB/OL]. https://baijiahao.baidu.com/s?id=1672276879820715549&wfr=spider&for=pc，2022-07-15.

[34] 国家环境保护局. 大气污染防治技术研究[M]. 北京：科学出版社，1993.

[35] 程艳坤，何晓云. 大气污染控制技术[M]. 北京：化学工业出版社，2003.

[36] 吴忠标. 大气污染控制技术[M]. 北京：科学出版社，2002.

[37] 熊振湖，费雪宁，迟勇志，等. 大气污染防治技术及工程应用[M]. 北京：机械工业出版社，2003.

[38] 上海市环境保护工业行业协会. 工业大气污染防治技术及应用[M]. 上海：上海科学技术出版社，2016.

[39] 曹冬梅. 我国 SO_2 污染，危害及控制技术[J]. 环境科学导刊，2013，32（2）：73-74.

[40] 宋早明. 挥发性有机物末端治理技术及选型方法[J]. 环境与发展，2020，32（9）：84-86.

[41] 董宇. 挥发性有机物常用治理技术及其比较[J]. 低碳世界，2020，10（5）：34-35.

[42] 田静，史兆臣，万亚萌，等. 挥发性有机物组合末端治理技术的研究进展[J]. 应用化工，2019，48（6）：1433-1439.

[43] 刘清，吕航. 末端处理与清洁生产的比较评述[J]. 环境污染与防治，2020，4：36-37，44.

[44] 曹方超. 新大气污染防治法：从源头治理污染问题[N]. 中国经济时报，2015-09-04（013）.

[45] 中央人民政府. 大气污染源头治理正当其时[EB/OL]. http://www.gov.cn/zhengce/2014-11/27/content_2783933.htm，2014-11-27.

[46] 中国新闻网. 中国工程院原副院长杜祥琬：减碳降污根本之道在于源头治理[EB/OL]. https://baijiahao.baidu.com/s?id=1716677924517932764&wfr=spider&for=pc，2021-11-17.

[47] 中国煤控项目散煤治理课题组. 中国散煤综合治理调研报告 2017[R]. http://www.nrdc.cn/information/informationinfo?id=284&cook=2，2017.

[48] 李海生，陈胜，吴丰成，等. 协同创新 科技助力打赢蓝天保卫战[J]. 环境保护，2021，49（7）：8-11.

[49] 李肆，包晓斌. 京津冀地区大气污染协同治理的实践困境及其破解路径[J]. 改革，2021，2：146-155.

[50] 王金南，宁淼. 解读：区域大气污染联防联控机制路线图[EB/OL]. http://goootech.com/news/detail-10175865.html，2010-09-17.

[51] 任敏. "河长制"：一个中国政府流域治理跨部门协同的样本研究[J]. 北京行政学院学报，2015，3：25-31.

[52] 姜华，高健，李红，等. 我国大气污染协同防控理论框架初探[J]. 环境科学研究，2022，35（3）：601-610.

[53] 李禾. 实现"双碳"目标减污降碳协同增效是重点[N]. 科技日报，2022-03-05（007）.

[54] 曹俊. 开启减污降碳协同治理新阶段[J]. 中国生态文明，2021，1：26.

[55] 郑逸璇，宋晓晖，周佳，等. 减污降碳协同增效的关键路径与政策研究[J]. 中国环境管理，2021，13（5）：45-51.

[56] 吴丹，张世秋. 中国大气污染控制策略与改进方向评析[J]. 北京大学学报（自然科学版），2021，47（6）：1143-1150.

[57] da Silva Freitas L F, de Santana Ribeiro L C, de Souza K B, et al. The distributional effects of emissions taxation in Brazil and their implications for climate policy[J]. Energy Economics，2016，59：37-44.

[58] Wier M, Birr-Pedersen K, Jacobsen H K, et al. Are CO_2 taxes regressive? Evidence from the Danish experience[J]. Ecological Economics，2005，52（2）：239-251.

[59] Caron J, Metcalf G E, Reilly J. The CO$_2$ content of consumption across US regions: A multi-regional input-output (MRIO) approach[J]. Energy Journal, 2017, 38 (1): 1-22.

[60] Kerkhof A C, Moll H C, Drissen E, et al. Taxation of multiple greenhouse gases and the effects on income distribution—A case study of the Netherlands[J]. Ecological Economics, 2008, 67 (2): 318-326.

[61] Feng K S, Klaus H. Carbon implications of China's urbanization[J]. Energy Ecology and Environment, 2016, 1: 39-44.

[62] García-Muros X, Markandya A, Romero-Jordán D, et al. The distributional effects of carbon-based food taxes[J]. Journal of Cleaner Production, 2017, 140: 996-1006.

[63] 童锦治, 朱斌. 我国现行环境税费的环保效果: 基于地方政府视角的分析[J], 税务与经济, 2012, 5: 86-92.

[64] 李建军, 刘元生. 中国有关环境税费的污染减排效应实证研究[J]. 中国人口·资源与环境, 2015, 25 (8): 84-91.

[65] 朱小会, 陆远权. 环境财税政策的治污效应研究——基于区域和门槛效应视角[J]. 中国人口·资源与环境, 2017, 27 (1): 83-90.

[66] Baumol W J, Oates W E. The Theory of Environmental Policy: Efficiency Without Optimality: The Charges and Standards Approach[M]. Cambridge: Cambridge University Press, 1998.

[67] OECD. Towards Sustainable Development: Environment Indicators[M]. Paris: OECD Publication, 1998.

[68] 高颖, 李善同. 征收能源消费税对社会经济与能源环境的影响分析[J]. 中国人口·资源与环境, 2009, 19 (2): 30-35.

[69] Chiroleu-Assouline M, Fodha M. Double dividend hypothesis, golden rule and welfare distribution[J]. Journal of Environmental Economics & Management, 2006, 51 (3): 323-335.

[70] Rausch S, Schwarz G A. Household heterogeneity, aggregation, and the distributional impacts of environmental taxes[J]. Journal of Public Economics, 2016, 138: 43-57.

[71] Bovenberg A L, Heijdra B J. Environmental tax policy and intergenerational distribution[J]. Journal of Public Economics, 1998, 67 (1): 1-24.

[72] Chen Z M, Liu Y, Qin P, et al. Environmental externality of coal use in China: Welfare effect and tax regulation[J]. Applied Energy, 2015, 156: 16-31.

[73] Liang Q M, Wei Y M. Distributional impacts of taxing carbon in China: Results from the CEEPA model[J]. Applied Energy, 2012, 92: 545-551.

[74] Liang Q M, Wang Q, Wei Y M. Assessing the distributional impacts of carbon tax among households across different income groups: the case of China [J]. Energy & Environment, 2013, 24 (7/8): 1323-1346.

[75] Rosas-Flores J A, Bakhat M, Rosas-Flores D, et al. Distributional effects of subsidy removal and implementation of carbon taxes in Mexican households[J]. Energy Economics, 2017, 61: 21-28.

[76] Cullenward D, Wilkerson J T, Wara M, et al. Dynamically estimating the distributional impacts of US climate policy with NEMS: A case study of the Climate Protection Act of 2013[J]. Energy Economics, 2016, 55: 303-318.

[77] Feng K, Hubacek K, Liu Y, et al. A. Managing the distributional effects of energy taxes and subsidy removal in Latin America and the Caribbean[J]. Applied Energy, 2018, 225: 424-436.

[78] Harberger A C. The incidence of the corporation income tax[J]. Journal of Political Economy, 1962, 70（3）: 215-240.

[79] Clean Air Asia. Breakthroughs: China's path to clean air 2013-2017[R]. http://www.allaboutair. cn/a/reports/2018/1227/527.html, 2018-12-27.

[80] 中华人民共和国生态环境部. 中国空气质量改善报告（2013-2018 年）[EB/OL]. http://www. gov.cn/xinwen/2019-06/06/content_5397950.htm, 2019-06-06.

[81] 中华人民共和国生态环境部. 2019 中国生态环境状况公报[EB/OL]. https://www.mee.gov. cn/hjzl/sthjzk/, 2020-06-02.

[82] Ke L, Jacob D J, Hong L, et al. Anthropogenic drivers of 2013-2017 trends in summer surface ozone in China[J]. Proceedings of the National Academy of Sciences of the United States of America, 2019, 116（2）: 422-427.

[83] Ding A J, Fu C B, Yang X Q, et al. Ozone and fine particle in the western Yangtze River Delta: An overview of 1 yr data at the Sorpes station[J]. Atmospheric Chemistry and Physics, 2013, 13（11）: 5813-5830.

[84] 王常凯, 谢宏佐. 中国电力碳排放动态特征及影响因素研究[J]. 中国人口·资源与环境, 2015, 25（4）: 21-27.

[85] 刘大钧, 魏有权, 杨丽琴. 我国钢铁生产企业氮氧化物减排形势研究[J]. 环境工程, 2012, 30（5）: 118-123, 126.

[86] 许艳玲, 杨金田, 蒋春来. 我国钢铁行业二氧化硫总量减排对策研究[J]. 环境与可持续发展, 2013, 38（2）: 30-34.

[87] Lo K. A critical review of China's rapidly developing renewable energy and energy efficiency policies[J]. Renewable & Sustainable Energy Reviews, 2014, 29: 508-516.

[88] Zhang Z, Jin X, Yang Q, et al. An empirical study on the institutional factors of energy conservation and emissions reduction: Evidence from listed companies in China[J]. Energy Policy, 2013, 57: 36-42.

[89] 张国兴, 李佳雪, 胡毅, 等. 节能减排科技政策的演变及协同有效性——基于 211 条节能减排科技政策的研究[J]. 管理评论, 2017, 29（12）: 72-83, 126.

[90] 李丽平, 周国梅, 季浩宇. 污染减排的协同效应评价研究——以攀枝花市为例[J]. 中国人口·资源与环境, 2010, 20（S2）: 91-95.

[91] 刘胜强, 毛显强, 胡涛, 等. 中国钢铁行业大气污染与温室气体协同控制路径研究[J]. 环境科学与技术, 2012,（7）: 168-174.

[92] 马丁, 陈文颖. 中国钢铁行业技术减排的协同效益分析[J]. 中国环境科学, 2015, 5: 298-303.

[93] 周颖, 张宏伟, 蔡博峰, 等. 水泥行业常规污染物和二氧化碳协同减排研究[J]. 环境科学与技术, 2013, 36（12）: 164-168, 180.

[94] Katz I N, Mukai H, Schattler H, et al. Solution of a differential game formulation of military air operations by the method of characteristics[J]. Journal of Optimization Theory and Applications, 2005, 125（1）: 113-135.

[95] Xue J, Zhao L, Fan L, et al. An interprovincial cooperative game model for air pollution control in China[J]. Journal of the Air & Waste Management Association, 2015, 65（7）: 818-827.

[96] 唐湘博, 陈晓红. 区域大气污染协同减排补偿机制研究[J]. 中国人口·资源与环境, 2017, 27（9）: 76-82.

[97] Purohit P, Munir T, Rafaj P. Scenario analysis of strategies to control air pollution in Pakistan[J]. Journal of Integrative Environmental Sciences, 2013, 10（2）: 77-91.

[98] 徐向阳, 任明, 高俊莲. 京津冀钢铁行业节能、SO_2、NO_x、$PM_{2.5}$和水协同控制[J]. 中国环境科学, 2018, 38（8）: 3160-3169.

[99] 周鹏, 周迅, 周德群. 二氧化碳减排成本研究述评[J]. 管理评论, 2014, 26（11）: 20-27, 47.

[100] Kesicki F. Marginal abatement cost curves for policy making—Expert-based vs. model-derived curves[R]. IAEE International Conference, 2010.

[101] 顾阿伦, 史宵鸣, 汪澜, 等. 中国水泥行业节能减排的潜力与成本分析[J]. 中国人口·资源与环境, 2012, 22（8）: 16-21.

[102] 牛海鹏, 朱艳春, 尹训国, 等. 治污减排对经济发展影响的最新研究进展及启示[J]. 管理评论, 2011, 23（7）: 34-42.

[103] 魏巍贤, 马喜立. 硫排放交易机制和硫税对大气污染治理的影响研究[J]. 统计研究, 2015, 32（7）: 3-11.

[104] Bovenberg A L, Goulder L H. Environmental taxation and regulation[J]. Social Science Electronic Publishing, 2006, 3: 1471-1545.

[105] 郭正权, 张兴平, 郑宇花. 能源价格波动对能源–环境–经济系统的影响研究[J]. 中国管理科学, 2018, 26（11）: 22-30.

[106] 何建武, 李善同. 二氧化碳减排与区域经济发展[J]. 管理评论, 2010, 22（6）: 9-16.

[107] 夏炎, 范英. 基于减排成本曲线演化的碳减排策略研究[J]. 中国软科学, 2012, 3: 12-22.

[108] Xing J, Zhang F, Zhou Y, et al. Least-cost control strategy optimization for air quality attainment of Beijing-Tianjin-Hebei region in China[J]. Journal of Environmental Management, 2019, 245: 95-104.

[109] Vijay S, DeCarolis J F, Srivastava R K. A bottom-up method to develop pollution abatement cost curves for coal-fired utility boilers[J]. Energ Policy, 2010, 38（5）: 2255-2261.

[110] 王灿, 陈吉宁, 邹骥. 基于CGE模型的CO_2减排对中国经济的影响[J]. 清华大学学报（自然科学版）, 2005, 12: 1621-1624.

[111] 秦昌波, 王金南, 葛察忠, 等. 征收环境税对经济和污染排放的影响[J]. 中国人口·资源与环境, 2015, 25（1）: 17-23.

[112] 刘昌新, 王宇飞, 王海林, 等. 挥发性有机物税收政策对我国经济的影响分析[J]. 环境科学, 2011, 32（12）: 3509-3514.

[113] 李红, 彭良, 毕方, 等. 我国$PM_{2.5}$与臭氧污染协同控制策略研究[J]. 环境科学研究, 2019, 32（10）: 1763-1778.

[114] Fuzzi S, Baltensperger U, Carslaw K, et al. Particulate matter, air quality and climate: Lessons learned and future needs[J]. Atmospheric Chemistry & Physics, 2017, 15（14）: 8217-8299.

[115] Xu J, Zhang Y, Zheng S, et al. Aerosol effects on ozone concentrations in Beijing: A model

sensitivity study[J]. Journal of Environmental Sciences, 2012, 24（4）: 645-656.

[116] Xing J, Wang J D, Mathur R, et al. Impacts of aerosol direct effects on tropospheric ozone through changes in atmospheric dynamics and photolysis rates[J]. Atmospheric Chemistry and Physics, 2017, 17（16）: 9869-9883.

[117] Huang R J, Zhang Y, Bozzetti C, et al. High secondary aerosol contribution to particulate pollution during haze events in China[J]. Nature, 2014, 514（7521）: 218-222.

[118] Zhao B, Wang S X, Xing J, et al. Assessing the nonlinear response of fine particles to precursor emissions: Development and application of an extended response surface modeling technique v1.0[J]. Geoscientific Model Development, 2015, 8（1）: 115-128.

[119] Zhao B, Wu W J, Wang S X, et al. A modeling study of the nonlinear response of fine particles to air pollutant emissions in the Beijing-Tianjin-Hebei region[J]. Atmospheric Chemistry and Physics, 2017, 17（19）: 12031-12050.

[120] 史旭荣, 逯世泽, 易爱华, 等. 全国2018~2019年秋冬季气象条件变化对$PM_{2.5}$影响研究[J]. 中国环境科学, 2020, 40（7）: 2785-2793.

[121] Pope C A, Burnett R T, Thun M J, et al. Lung cancer, cardiopulmonary mortality, and long-term exposure to fine particulate air pollution[J]. Journal of the American Medical Association, 2002, 287: 1132.

[122] 孔琴心, 刘广仁, 李桂忱. 近地面臭氧浓度变化及其对人体健康的可能影响[J]. 气候与环境研究, 1999, 1: 61-66.

[123] Yang G H, Wang Y, Zeng Y X, et al. Rapid health transition in China, 1990-2010: Findings from the Global Burden of Disease Study 2010[J]. The Lancet, 2013, 381: 1987-2015.

[124] Bai R, Lam J C K, Li V O K. A review on health cost accounting of air pollution in China[J]. Environment International, 2018, 120: 279-294.

[125] Ridker R G. Economic Costs of Air Pollution, Studies in Measurement[M]. New York: Praeger, 1967.

[126] Zmirou D, Deloraine A M D, Balducci F, et al. Health effects costs of particulate air pollution[J]. Journal of Occupational and Environmental Medicine, 1999, 41: 847-856.

[127] Quah E, Boon T L. The economic cost of particulate air pollution on health in Singapore[J]. Journal of Asian Economics, 2004, 14: 73-90.

[128] Patankar A M, Trivedi P L. Monetary burden of health impacts of air pollution in Mumbai, India: Implications for public health policy[J]. Public Health, 2011, 125: 157-164.

[129] Carlsson F, Martinsson P. Willingness to pay for reduction in air pollution: A multilevel analysis[J]. Environmental Economics and Policy Studies, 2001, 4: 17-27.

[130] 过孝民, 张慧勤. 我国环境污染造成经济损失估算[J]. 中国环境科学, 1990, 10（1）: 51-59.

[131] 黄德生, 张世秋. 京津冀地区控制$PM_{2.5}$污染的健康效益评估[J]. 中国环境科学, 2013, 33（1）: 166-174.

[132] 陈元华, 李山梅. 北京市大气环保措施的健康效益研究[J]. 中国人口·资源与环境, 2011, 21（S2）: 429-432.

[133] Wang H, Mullahy J. Willingness to pay for reducing fatal risk by improving air quality: A

contingent valuation study in Chongqing, China[J]. The Science of the Total Environment, 2006, 367（1）: 50-57.

[134] 马国霞，周颖，吴春生，等. 成渝地区《大气污染防治行动计划》实施的成本效益评估[J]. 中国环境管理，2019, 11（6）: 38-43.

[135] Viscusi W K, Magat W A, Huber J. Pricing environmental health risks: Survey assessments of risk-risk and risk-dollar trade-offs for chronic bronchitis[J]. Journal of Environmental Economics & Management, 1991, 21（1）: 32-51.

[136] 陈晓兰. 大气颗粒物造成的健康损害价值评估[D]. 厦门大学硕士学位论文，2008.

[137] Shang W, Gong Y, Wang Z, et al. Eco-compensation in China: Theory, practices and suggestions for the future[J]. Journal of Environmental Management, 2018, 210: 162-170.

[138] Singh N M. Payments for ecosystem services and the gift paradigm: Sharing the burden and joy of environmental care[J]. Ecological Economics, 2015, 117: 53-61.

[139] Jones K W, Mayer A, von Thaden J, et al. Measuring the net benefits of payments for hydrological services programs in Mexico[J]. Ecological Economics, 2020, 175: 106666.

[140] Pagiola S, Arcenas A, Platais G. Can payments for environmental services help reduce poverty? An exploration of the issues and the evidence to date from Latin America[J]. World Development, 2005, 33（2）: 237-253.

[141] McCarthy S, Matthews A, Riordan B. Economic determinants of private afforestation in the Republic of Ireland[J]. Land Use Policy, 2003, 20（1）: 51-59.

[142] Haas J C, Loft L, Pham T T. How fair can incentive-based conservation get? The interdependence of distributional and contextual equity in Vietnam's payments for forest environmental services program[J]. Ecological Economics, 160: 205-214.

[143] Duong N, Groot W, Krott M. The impact of payment for forest environmental services（PFES）on community-level forest management in Vietnam[J]. Forest Policy and Economics, 2020, 113: 102135.

[144] Scheufele G, Bennett J. Valuing biodiversity protection: Payment for environmental services schemes in Lao PDR[J]. Environment and Development Economics, 2019, 24（4）: 376-394.

[145] Scheufele G, Bennett J. Costing biodiversity protection: Payments for environmental services schemes in Lao PDR[J]. Journal of Environmental Economics and Policy, 2018, 7（4）: 386-402.

[146] Kumar S, Managi S. Compensation for environmental services and intergovernmental fiscal transfers: The case of India[J]. Ecological Economics, 2009, 68（12）: 3052-3059.

[147] Wu J L, Skelton-Groth K. Targeting conservation efforts in the presence of threshold effects and ecosystem linkages[J]. Ecological Economics, 2002, 42（1/2）: 313-331.

[148] Ranjan R. Deriving double dividends through linking payments for ecosystem services to environmental entrepreneurship: The case of the invasive weed Lantana camara[J]. Ecological Economics, 2019, 164: 106380.

[149] 孙宏亮，巨文慧，杨文杰，等. 中国跨省界流域生态补偿实践进展与思考[J]. 中国环境管理，2020, 12（4）: 83-88.

[150] Wang Y, Zhang Q, Bilsborrow R, et al. Effects of payments for ecosystem services programs

in China on rural household labor allocation and land use: Identifying complex pathways[J]. Land Use Policy, 2020, 99: 105024.

[151] 王前进, 王希群, 陆诗雷, 等. 生态补偿的经济学理论基础及中国的实践[J]. 林业经济, 2019, 41（1）: 3-23.

[152] 郭高晶. 空气污染跨域治理背景下府际空气生态补偿机制研究——以山东省空气质量生态补偿实践为例[J]. 资源开发与市场, 2016, 32（7）: 832-837.

[153] 冷雪飞. 辽宁省空气质量生态补偿立法分析[J]. 环境保护与循环经济, 2017, 37（5）: 67-71.

[154] 程玉. 论我国京津冀区际大气环境生态补偿: 依据、原则与机制[J]. 中国环境法治, 2015, （1）: 15-26.

[155] 魏巍贤, 王月红. 京津冀大气污染治理生态补偿标准研究[J]. 财经研究, 2019, 45（4）: 96-110.

[156] 王立平, 陈飞龙, 杨然. 京津冀地区雾霾污染生态补偿标准研究[J]. 环境科学学报, 2018, 38（6）: 2518-2524.

[157] 于宗绪, 马东春, 范秀娟, 等. 基于 AHP 法和模糊综合评价法的城市水环境治理 PPP 项目绩效评价研究[J]. 生态经济, 2020, 36（10）: 190-194.

[158] 王慧杰, 毕粉粉, 董战峰. 基于 AHP-模糊综合评价法的新安江流域生态补偿政策绩效评估[J]. 生态学报, 2020, 40（20）: 7493-7506.

[159] Zhang B, Guo J, Wen Z, et al. Ecological evaluation of industrial parks using a comprehensive DEA and Inverted-DEA Model[J]. Mathematical Problems in Engineering, 2020, （1）: 1-11.

[160] 杨超, 吴立军. 中国城市水资源利用效率差异性分析——基于 286 个地级及以上城市面板数据的实证[J]. 人民长江, 2020, 51（8）: 104-110.

[161] 陈诗一, 陈登科. 雾霾污染、政府治理与经济高质量发展[J]. 经济研究, 2018, 53（2）: 20-34.

[162] 丁斐, 庄贵阳. 国家重点生态功能区设立是否促进了经济发展——基于双重差分法的政策效果评估[J]. 中国人口·资源与环境, 2021, 31（10）: 19-28.

[163] 刘仪梅. 京津冀及周边地区大气污染防治成效研究[D]. 南开大学硕士学位论文, 2019.

[164] 林爱华, 沈利生. 长三角地区生态补偿机制效果评估[J]. 中国人口·资源与环境, 2020, 30（4）: 149-156.

[165] 马庆华. 流域生态补偿政策实施效果评价方法及案例研究[D]. 清华大学硕士学位论文, 2015.

[166] 秦小丽, 刘益平, 王经政. 农业生态补偿效益评价模型的构建及应用[J]. 统计与决策, 2018, 34（15）: 71-75.

[167] 陆巧玲. 生态补偿政策绩效综合评估——以安吉县生态公益林政策为例[D]. 浙江大学硕士学位论文, 2019.

[168] 汪惠青, 单钰理. 生态补偿在我国大气污染治理中的应用及启示[J]. 环境经济研究, 2020, 5（2）: 111-128.

[169] Ashenfelter O, Card D. Using the longitudinal structure of earnings to estimate the effect of training programs[J]. The Review of Economics and Statistics, 1985, 67（4）: 648-660.

[170] Wang K, Yin H, Chen Y. The effect of environmental regulation on air quality: A study of new

ambient air quality standards in China[J]. Journal of Cleaner Production，2019，215：268-279.

[171] 杨骞，王弘儒，刘华军. 区域大气污染联防联控是否取得了预期效果?——来自山东省会城市群的经验证据[J]. 城市与环境研究，2016，（4）：3-21.

[172] 王敏，冯相昭，杜晓林，等. 基于双重差分模型的清洁取暖补贴效果量化评估[J]. 环境与可持续发展，2020，45（3）：21-27.

[173] Druckman A，Jackson T. The carbon footprint of UK households 1990-2004：A socio-economically disaggregated，quasi-multi-regional input-output model[J]. Ecological Economics，2009，68（7）：2066-2077.

[174] 鞠丽萍，陈彬，杨谨. 城市产业部门 CO_2 排放三层次核算研究[J]. 中国人口·资源与环境，2012，22（1）：28-34.

[175] 姚亮，刘晶茹. 中国八大区域间碳排放转移研究[J]. 中国人口·资源与环境，2010，20（12）：16-19.

[176] Hong H，Zhang Q，Guan D，et al. Examining air pollution in China using production-and consumption-based emissions accounting approaches[J]. Environmental Science & Technology，2014，48（24）：14139-14147.

[177] Lin J，Pan D，Davis S J，et al. China's international trade and air pollution in the United States[J]. Proceedings of the National Academy of Sciences of the United States of America，2014，111（5）：1736-1741.

[178] 李永源，张伟，蒋洪强，等. 基于 MRIO 模型的中国对外贸易隐含大气污染转移研究[J]. 中国环境科学，2019，39（2）：889-896.

[179] 祁毓，陈建伟，李万新，等. 生态环境治理，经济发展与公共服务供给——来自国家重点生态功能区及其转移支付的准实验证据[J]. 管理世界，2019，35（1）：115-134，227-228.

[180] Hecken G V，Bastiaensen J，Vasquez W F. The viability of local payments for watershed services：Empirical evidence from Matiguas，Nicaragua[J]. Ecological Economics，2012，74：169-176.

[181] Turpie J K，Marais C，Blignaut J N. The working for water programme：Evolution of a payments for ecosystem services mechanism that addresses both poverty and ecosystem service delivery in South Africa[J]. Ecological Economics，2008，65（4）：788-798.

[182] Sierra R，Russman E. On the efficiency of environmental service payments：A forest conservation assessment in the Osa Peninsula，Costa Rica[J]. Ecological Economics，2006，59（1）：131-141.

[183] Coomes O T，Grimard F，Potvin C，et al. The fate of the tropical forest：Carbon or cattle? [J]. Ecological Economics，2008，65（2）：207-212.

[184] Evans M F，Poulos C，Smith V K. Who counts in evaluating the effects of air pollution policies on households? Non-market valuation in the presence of dependencies[J]. Journal of Environmental Economics and Management，2011，62（1）：65-79.

[185] Freeman R，Liang W，Song R，et al. Willingness to pay for clean air in China[J]. Journal of Environmental Economics and Management，2019，94：188-216.

[186] Tacconi L. Redefining payments for environmental services[J]. Ecological Economics，2012，

73: 29-36.

[187] Hansen K, Duke E, Bond C, et al. Rancher preferences for a payment for ecosystem services program in southwestern Wyoming[J]. Ecological Economics, 2018, 146: 240-249.

[188] Dobbs T L, Pretty J. Case study of agri-environmental payments: The United Kingdom[J]. Ecological Economics, 2008, 65 (4): 765-775.

[189] Yin R, Zhao M. Ecological restoration programs and payments for ecosystem services as integrated biophysical and socioeconomic processes-China's experience as an example[J]. Ecological Economics, 2012, 73: 56-65.

[190] Costanza R, d'Arge R, de Groot R, et al. The value of the world's ecosystem services and natural capital[J]. Nature, 1998, 25 (1): 3-15.

[191] 孙瑞玲, 于忠华, 吴杰, 等. 区域大气污染虚拟治理成本核算及空间差异分析[J]. 干旱区资源与环境, 2018, 32 (1): 56-61.

[192] Lin Y, Dong Z, Zhang W, et al. Estimating inter-regional payments for ecosystem services: Taking China's Beijing-Tianjin-Hebei region as an example[J]. Ecological Economics, 2020, 168: 106514.

[193] 陈秋兰, 陈璋琪, 洪小琴, 等. 基于虚拟治理成本法的大气污染环境损害量化评估探讨[J]. 环境与可持续发展, 2018, 43 (2): 27-30.

[194] Wu D, Xu Y, Zhang S. Will joint regional air pollution control be more cost-effective? An empirical study of China's Beijing-Tianjin-Hebei region[J]. Journal of Environmental Management, 2015, 149: 27-36.

[195] Peters G P. From production-based to consumption-based national emission inventories[J]. Ecological Economics, 2008, 65 (1): 13-23.

[196] Davis S J, Caldeira K. Consumption-based accounting of CO_2 emissions[J]. Proceedings of the National Academy of Sciences of the United States of America, 2010, 107 (12): 5687-5692.

[197] Liang S, Qu S, Zhu Z, et al. Income-based greenhouse gas emissions of nations[J]. Environmental Science & Technology, 2017, 51 (1): 346-355.

[198] Liu Z, Mao X, Tu J, et al. A comparative assessment of economic-incentive and command-and-control instruments for air pollution and CO_2 control in China's iron and steel sector[J]. Journal of Environmental Management, 2014, 144: 135-142.

[199] Xie R H, Yuan Y J, Huang J J. Different types of environmental regulations and heterogeneous influence on "Green" productivity: Evidence from China[J]. Ecological Economics, 2017, 132: 104-112.

[200] Zhao X, Zhao Y, Zeng S, et al. Corporate behavior and competitiveness: Impact of environmental regulation on Chinese firms[J]. Journal of Cleaner Production, 2015, 86: 311-322.

[201] Dechezlepretre A, Sato M. The impacts of environmental regulations on competitiveness[J]. Review of Environmental Economics and Policy, 2017, 11 (2): 183-206.

[202] 张宁, 张维洁. 中国用能权交易可以获得经济红利与节能减排的双赢吗? [J]. 经济研究, 2019, 54 (1): 165-181.

[203] 姜玲, 叶选挺, 张伟. 差异与协同: 京津冀及周边地区大气污染治理政策量化研究[J]. 中

国行政管理，2017，8：126-132.

[204] 北京市人民政府关于印发《北京市空气重污染应急预案（2018 年修订）》的通知[J]. 北京市人民政府公报，2018，38：9-30.

[205] 天津市人民政府办公厅关于印发天津市重污染天气应急预案的通知[J]. 天津市人民政府公报，2019，21：9-19.

[206] 河北省人民政府办公厅关于印发河北省重污染天气应急预案的通知[J]. 河北省人民政府公报，2014，12：133-150.

[207] Ring I. Integrating local ecological services into intergovernmental fiscal transfers：The case of the ecological ICMS in Brazil[J]. Land Use Policy，2008，25（4）：485-497.

[208] 曾贤刚，刘纪新，段存儒，等. 基于生态系统服务的市场化生态补偿机制研究——以五马河流域为例[J]. 中国环境科学，2018，38（12）：4755-4763.

[209] 王娜，白舸，白晓峰，等. 基于均衡法的流域区际森林生态补偿机制实证研究——以"京津唐-承"区域为例[J]. 林业经济，2016，38：78-83，92.

[210] Clements T，John A，Nielsen K，et al. Payments for biodiversity conservation in the context of weak institutions：Comparison of three programs from Cambodia[J]. Ecological Economics，2010，69（6）：1283-1291.

[211] Santos R，Ring I，Antunes P，et al. Fiscal transfers for biodiversity conservation：The Portuguese Local Finances Law[J]. Land Use Policy，2012，29（2）：261-273.

[212] Pagiola S，Ramirez E，Gobbi J，et al. Paying for the environmental services of silvopastoral practices in Nicaragua[J]. Ecological Economics，2007，64（2）：374-385.

[213] 范丹，梁佩凤，刘斌. 雾霾污染的空间外溢与治理政策的检验分析[J]. 中国环境科学，2020，40（6）：2741-2750.

[214] Rassier D G，Earnhart D. Effects of environmental regulation on actual and expected profitability[J]. Ecological Economics，2015，112：129-140.

[215] 陆旸. 环境规制影响了污染密集型商品的贸易比较优势吗？[J]. 经济研究，2009，44（4）：28-40.

[216] 黄德春，刘志彪. 环境规制与企业自主创新——基于波特假设的企业竞争优势构建[J]. 中国工业经济，2006，3：100-106.

[217] 陈诗一. 节能减排与中国工业的双赢发展：2009—2049[J]. 经济研究，2010，45（3）：129-143.

[218] Shadbegian R J，Gray W B. Pollution abatement expenditures and plant-level productivity：A production function approach[J]. Ecological Economics，2005，54（2/3）：196-208.

[219] Gray W B，Shadbegian R J. Plant vintage，technology，and environmental regulation[J]. Journal of Environmental Economics and Management，2003，46（3）：384-402.

[220] Gilmartin M，Learmouth D，Swales J K，et al. Regional policy spillovers：The national impact of demand-side policy in an interregional model of the UK economy[J]. Environment and Planning A：Economy and Space，2013，45（4）：814-834.

[221] Zhang W，Fan X，Liu Y，et al. Spillover risk analysis of virtual water trade based on multi-regional input-output model—A case study[J]. Journal of Environmental Management，

2020，275：111242.

[222] Tian J，Shan Y，Zheng H，et al. Structural patterns of city-level CO_2 emissions in Northwest China[J]. Journal of Cleaner Production，2019，223：553-563.

[223] 叶作义，江千文. 长三角区域一体化的产业关联与空间溢出效应分析[J]. 南京财经大学学报，2020，4：34-44.

[224] 周蕾，吴先华，高歌. 基于 MRIO 模型的"一带一路"典型国家气象灾害间接经济损失分析——以 2014 年中国"威马逊"台风灾害为例[J]. 自然灾害学报，2018，27（5）：1-11.

[225] 庞军，石媛昌，李梓瑄，等. 基于 MRIO 模型的京津冀地区贸易隐含污染转移[J]. 中国环境科学，2017，37（8）：3190-3200.

[226] 陈晖，温婧，庞军，等. 基于 31 省 MRIO 模型的中国省际碳转移及碳公平研究[J]. 中国环境科学，2020，40（12）：5540-5550.

[227] Zheng H，Zhang Z，Zhang Z，et al. Mapping carbon and water networks in the north China urban agglomeration[J]. One Earth，2019，1（1）：126-137.

[228] 万小军. 2019 年京津冀 $PM_{2.5}$ 平均浓度 50μg/m³ 同比下降 9.1%[N]. 大众网·海报新闻，2020-03-13.

[229] 郭鑫，李红柳，杨崭鈜，等. 2013-2018 年京津冀地区环境空气质量变化趋势研究[J]. 环境与发展，2019，31（12）：119-120，122.

[230] 李牧耘，张伟，胡溪，等. 京津冀区域大气污染联防联控机制：历程、特征与路径[J]. 城市发展研究，2020，27（4）：97-103.

[231] 康志明，桂海林，王继康，等. 2015 年北京"阅兵蓝"特征及成因探讨[J]. 中国环境科学，2016，36（11）：3227-3236.

[232] 李茜. 河北：出台空气质量奖惩问责办法[J]. 中国食品，2018，6：53-54.

[233] 王彦超，蒋春来，贺晋瑜，等. 京津冀大气污染传输通道城市燃煤大气污染减排潜力[J]. 中国环境科学，2018，38（7）：2401-2405.

[234] 董战峰. 深化生态补偿制度改革 完善生态文明制度体系[N]. 科技日报，2021-08-02.

[235] 齐绍洲，柳典，李锴，等. 公众愿意为碳排放付费吗?——基于"碳中和"支付意愿影响因素的研究[J]. 中国人口·资源与环境，2019，29（10）：124-134.

[236] 葛继红，郑智聪，杨森. 城市居民雾霾治理支付意愿及其影响因素研究——基于南京市民的调查数据[J]. 湖南农业大学学报（社会科学版），2016，17（6）：89-93.

[237] 魏巍贤，罗庆鹤. 京津冀 $PM_{2.5}$ 治理的居民支付意愿及行为选择的实证分析[J]. 统计研究，2017，34（3）：55-64.

[238] 么相姝. 天津市居民大气环境质量改善支付意愿评估——基于双边界二分式 CVM 的视角[J]. 城市问题，2016，7：81-86.

[239] 张保留，罗宏，吕连宏，等. 京津冀区域清洁取暖的支付意愿和影响因素[J]. 中国环境科学，2021，41（1）：490-496.

[240] 薛景文. 空气污染与居民环保税支付意愿研究[J]. 财政监督，2019，20：72-80.

[241] Ciriacy-Wantrup S V. Capital returns from soil-conservation practices[J]. Journal of Farm Economics，1947，29（3）：1181-1202.

[242] Davis R K. Recreation planning as an economic problem[J]. Natural Resources Journal，1963，

3（3）：239-249.

[243] 吴力波，周阳，徐呈隽. 上海市居民绿色电力支付意愿研究[J]. 中国人口·资源与环境，2018，28（2）：86-93.

[244] Lin B，Tan R. Are people willing to pay more for new energy bus fares? [J]. Energy，2017，130：365-372.

[245] Aldy J E，Kotchen M J，Leiserowitz A A. Willingness to pay and political support for a US national clean energy standard[J]. Nature Climate Change，2012，2：596-599.

[246] Zhou H，Bukenya J O. Information inefficiency and willingness-to-pay for energy-efficient technology：A stated preference approach for China Energy Label[J]. Energy Policy，2016，91：12-21.

[247] Guo X，Liu H，Mao X，et al. Willingness to pay for renewable electricity：A contingent valuation study in Beijing，China[J]. Energy Policy，2014，68：340-347.

[248] Lee C Y，Heo H. Estimating willingness to pay for renewable energy in South Korea using the contingent valuation method[J]. Energy Policy，2016，94：150-156.

[249] Xie B C，Zhao W. Willingness to pay for green electricity in Tianjin，China：Based on the contingent valuation method[J]. Energy Policy，2017，114：98-107.

[250] Yang J，Zou L，Lin T，et al. Public willingness to pay for CO_2 mitigation and the determinants under climate change：A case study of Suzhou，China[J]. Journal of Environmental Management，2014，146：1-8.

[251] Rotaris L，Danielis R. The willingness to pay for a carbon tax in Italy[J]. Transportation Research Part D-Transport and Environment，2019，67：659-673.

[252] Loomis J，Kent P，Strange L，et al. Measuring the total economic value of restoring ecosystem services in an impaired river basin：Results from a contingent valuation survey[J]. Ecological Economics，2000，33（1）：103-117.

[253] 张锐，刘焱序，赵嵩，等. 中国城市居民对青藏高原生态资产的支付意愿——以中国 27 市为例[J]. 自然资源学报，2020，35（3）：563-575.

[254] Randall A，Ives B，Eastman C. Bidding games for valuation of aesthetic environmental improvements[J]. Journal of Environmental Economics and Management，1974，1（2）：132-149.

[255] Bishop R C，Heberlein T A. Measuring values of extra-market goods：are indirect measures biased?[J]. American Journal of Agricultural Economics，1979，61（5）：926-930.

[256] Hanemann，Michael W. Welfare evaluations in contingent valuation experiments with discrete responses[J]. American Journal of Agricultural Economics，1987，69（1）：182-184.

[257] Hanemann W M，Kanninen B J. The statistical analysis of discrete-response CV data[J]. Working Paper，1998.

[258] 蔡春光，陈功，乔晓春，等. 单边界、双边界二分式条件价值评估方法的比较——以北京市空气污染对健康危害问卷调查为例[J]. 中国环境科学，2007，1：39-43.

[259] 普思斯. 中国公众对大气污染的风险感知和支付意愿空间分布研究[D]. 南京大学硕士学位论文，2019.

[260] 王平平. 济南市居民对雾霾治理的支付意愿研究[D]. 山东大学硕士学位论文，2017.

[261] 刘婷婷，王倩，任传堂，等. 山东省降低雾霾健康风险的支付意愿研究[J]. 中国环境管理干部学院学报，2017，27（5）：3-6，15.

[262] 孙雨薇，王灿. 碳市场政策下企业对碳信用的支付意愿及影响因素研究[J]. 中国人口·资源与环境，2017，27（3）：11-21.

[263] 曹和平，奚剑明，陈玥卓. 城镇居民对环境治理的边际支付意愿[J]. 资源科学，2020，42（5）：801-811.